JN074202

東京大学工学教程

基礎系 化学

化学工学　機能材料の設計と
製造プロセスへの応用

東京大学工学教程編纂委員会　編　　　　吉江建一　著

Chemical Engineering

Functional Materials Design and
Applications to Manufacturing Processes

SCHOOL OF ENGINEERING
THE UNIVERSITY OF TOKYO

丸善出版

東京大学工学教程

編纂にあたって

　東京大学工学部，および東京大学大学院工学系研究科において教育する工学はいかにあるべきか．1886年に開学した本学工学部・工学系研究科が125年を経て，改めて自問し自答すべき問いである．西洋文明の導入に端を発し，諸外国の先端技術追奪の一世紀を経て，世界の工学研究教育機関の頂点の一つに立った今，伝統を踏まえて，あらためて確固たる基礎を築くことこそ，創造を支える教育の使命であろう．国内のみならず世界から集う最優秀な学生に対して教授すべき工学，すなわち，学生が本学で学ぶべき工学を開示することは，本学工学部・工学系研究科の責務であるとともに，社会と時代の要請でもある．追奪から頂点への歴史的な転機を迎え，本学工学部・工学系研究科が執る教育を聖域として閉ざすことなく，工学の知の殿堂として世界に問う教程がこの「東京大学工学教程」である．したがって照準は本学工学部・工学系研究科の学生に定めている．本工学教程は，本学の学生が学ぶべき知を示すとともに，本学の教員が学生に教授すべき知を示す教程である．

2012年2月

2010-2011年度
東京大学工学部長・大学院工学系研究科長　北　森　武　彦

東京大学工学教程

刊 行 の 趣 旨

　現代の工学は，基礎基盤工学の学問領域と，特定のシステムや対象を取り扱う総合工学という学問領域から構成される．学際領域や複合領域は，学問の領域が伝統的な一つの基礎基盤ディシプリンに収まらずに複数の学問領域が融合したり，複合してできる新たな学問領域であり，一度確立した学際領域や複合領域は自立して総合工学として発展していく場合もある．さらに，学際化や複合化はいまや基礎基盤工学の中でも先端研究においてますます進んでいる．

　このような状況は，工学におけるさまざまな課題も生み出している．総合工学における研究対象は次第に大きくなり，経済，医学や社会とも連携して巨大複雑系社会システムまで発展し，その結果，内包する学問領域が大きくなり研究分野として自己完結する傾向から，基礎基盤工学との連携が疎かになる傾向がある．基礎基盤工学においては，限られた時間の中で，伝統的なディシプリンに立脚した確固たる工学教育と，急速に学際化と複合化を続ける先端工学研究をいかにしてつないでいくかという課題は，世界のトップ工学校に共通した教育課題といえる．また，研究最前線における現代的な研究方法論を学ばせる教育も，確固とした工学知の前提がなければ成立しない．工学の高等教育における二面性ともいえ，いずれを欠いても工学の高等教育は成立しない．

　一方，大学の国際化は当たり前のように進んでいる．東京大学においても工学の分野では大学院学生の四分の一は留学生であり，今後は学部学生の留学生比率もますます高まるであろうし，若年層人口が減少する中，わが国が確保すべき高度科学技術人材を海外に求めることもいよいよ本格化するであろう．工学の教育現場における国際化が急速に進むことは明らかである．そのような中，本学が教授すべき工学知を確固たる教程として示すことは国内に限らず，広く世界にも向けられるべきである．

　現代の工学を取り巻く状況を踏まえ，東京大学工学部・工学系研究科は，工学の基礎基盤を整え，科学技術先進国のトップの工学部・工学系研究科として学生が学び，かつ教員が教授するための指標を確固たるものとすることを目的として，時代に左右されない工学基礎知識を体系的に本工学教程としてとりまとめた．本工学教程は，東京大学工学部・工学系研究科のディシプリンの提示と教授指針の明示化であり，基礎（2年生後半から3年生を対象），専門基礎（4年生から大学院修士課程を対象），専門（大学院修士課程を対象）から構成される．したがって，工学教程は，博士課程教育の基盤形成に必要な工学知の徹底教育の指針でもある．工学教程の効用として次のことを期待している．

- 工学教程の全巻構成を示すことによって，各自の分野で身につけておくべき学問が何であり，次にどのような内容を学ぶことになるのか，基礎科目と自身の分野との間で学んでおくべき内容は何かなど，学ぶべき全体像を見通せるようになる．
- 東京大学工学部・工学系研究科のスタンダードとして何を教えるか，学生は何を知っておくべきかを示し，教育の根幹を作り上げる．
- 専門が進んでいくと改めて，新しい基礎科目の勉強が必要になることがある．そのときに立ち戻ることができる教科書になる．
- 基礎科目においても，工学部的な視点による解説を盛り込むことにより，常に工学への展開を意識した基礎科目の学習が可能となる．

東京大学工学教程編纂委員会　　委員長　加　藤　泰　浩
　　　　　　　　　　　　　　　幹　事　吉　村　　忍
　　　　　　　　　　　　　　　　　　　求　　幸　年

刊行にあたって

　化学は，世界を構成する「物質」の成り立ちの原理とその性質を理解することを目指す．そして，その理解を社会に役立つ形で活用することを目指す物質の工学でもある．そのため，物質を扱うあらゆる工学の基礎をなす．たとえば，機械工学，材料工学，原子力工学，バイオエンジニアリングなどは化学を基礎とする部分も多い．本教程は，化学分野を専攻する学生だけではなく，そのような工学を学ぶ学生も念頭に入れ編纂した．

　化学の工学教程は全20巻からなり，その相互関連は次ページの図に示すとおりである．この図における「基礎」，「専門基礎」，「専門」の分類は，化学に近い分野を専攻する学生を対象とした目安であるが，その他の工学分野を専攻する学生は，この相関図を参考に適宜選択し，学習を進めてほしい．「基礎」はほぼ教養学部から3年程度の内容ですべての学生が学ぶべき基礎的事項であり，「専門基礎」は，4年から大学院で学科・専攻ごとの専門科目を理解するために必要とされる内容である．「専門」は，さらに進んだ大学院レベルの高度な内容となっている．

＊　　　＊　　　＊

　本書は，産業界の実課題を題材に，化学工学モデリングの手法を学習できるように構成されている．本書の利用者には，化学工学における単位操作や反応工学，輸送現象論，流体力学といった基礎知識を有することが前提とされているが，本書で扱う機能性材料の製造プロセス，その機能解析と設計を通して，化学工学モデリングのエッセンスを学ばれることを期待する．また，化学工学の重要な一分野である粉体工学についても，微粒子複合体のハンドリングを通して学ぶ．本書で前提とする化学工学の基礎知識は，各章の冒頭で概略を説明するとともに，適当な参考文献が紹介されているので，必要に応じて参照し，学びを深められたい．

東京大学工学教程編纂委員会
化学編集委員会

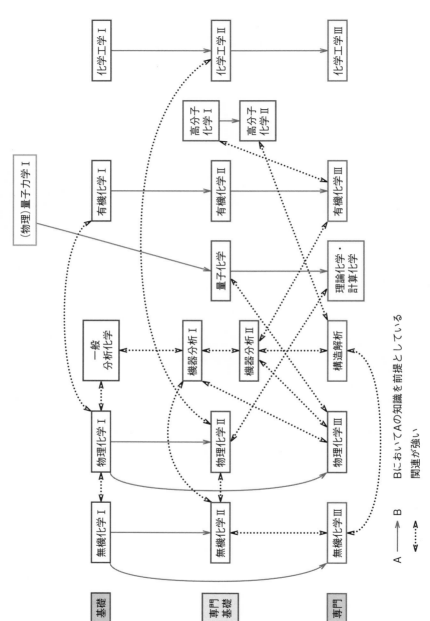

工学教程（化学分野）相互相関図

A ──→ B　BにおいてAの知識を前提としている

◄┈┈►　関連が強い

目　　次

は じ め に

　本書は，化学工学のベースをある程度習得した学生が，産業界の実課題に対する化学工学体系の応用を追体験して学習することを目的としている．とくに重要と思われる機能性材料の製造プロセスと機能解析および設計を中心課題とした．

　本書を読み進めるにあたっては，化学工学における単位操作，反応工学，輸送現象論，流体力学に関する一通りの基礎知識を有していることを前提とする．各章の冒頭で概略の説明を行ったが，不足と思われる部分については参考文献を示したので，それらを参考にして読み進めてもらいたい．

　本書は，工学的な厳密性よりも現象をどれだけ大づかみできるようにするか，という観点で全体の構成を行った．まず化学工学モデリングの手法を俯瞰したうえで，反応工学，反応拡散系の事例を検討する．次に，有機半導体中のキャリア移動過程に関するモデリングを学習する．機能商品の分野では微粒子複合材のハンドリングが欠かせないので，それらに関する事例を6章で学ぶ．

　機能性材料の研究開発では，現象のモード転換と変動に対する考え方を身に着けておく必要がある．そのためのモデリングセンス醸成が本書の最終目的である．

1 化学工学モデリングの基礎

　本章では，化学工学モデリングの手法を俯瞰し，必要な基礎的知識について述べる．

1.1　実用からみた化学工学

　化学工学とは，化学技術を数式で表現し，

（ⅰ）効率的かつ安全に最終製品をつくり上げる．
（ⅱ）化学製品やそれを用いた製品やデバイスが最大効率で機能を発揮するように設計する．

ためのあらゆる工学を含む体系である．すなわち，化学技術を具体的な価値に換えるための最短経路を見出す工学であり，化学製品を扱うすべての産業に大きな貢献をなす基礎知識体系といっても過言ではない．

　化学工学では，原料を何らかの方法で転換して製品を生み出す開放系システムを扱う．すなわち，平衡から離れた状態での工学的な考え方が必要となる．通常，製品の生産性を高めるため，あるいは製品の発現する機能を最大限発揮させるために，対象とするシステムに流入させる物質やエネルギーは可能な限り大きくするので，系内には物質の濃度，エネルギー，運動量の分布が生じる傾向となる．そして，しばしば大きな変動やパターン・構造の形成が起こり，制御が難しくなる．こうした時空間の不均質性は製品の均一化，製造の安定化のうえでは難題となる．そこで通常は，（ⅰ）〜（ⅲ）に示す手段によってスケールアップに伴う課題を試行錯誤的に解決してきた．

（ⅰ）装置スケールを限定する．
（ⅱ）流入させる物質，エネルギー量を制御する．
（ⅲ）撹拌などの操作で，不均質構造を強制的に破壊し系の均質性を図る．

　たとえば，反応器の加熱を行う場合には，反応器内部は撹拌によって温度が均一化されたと仮定し，反応器壁面近傍に境膜の概念を導入して伝熱係数を定義

し，系内への熱輸送を議論する[*1]．あるいは，多孔質の微粒子触媒内部では反応物質濃度を均一として，表面近傍境膜からの物質輸送だけを考える，といった方法が踏襲されている．そしてこのように，プロセス条件に応じて単純化されたそれぞれの単位操作を結合して，化学工業のプロセスシステムを理解し制御する．

　この手法は，化学プラントのプロセス設計だけに適用範囲が限られているものではなく，光メモリーデバイス，バイオ材料を用いた機能材料設計，ナノデバイスなどの開発にも用いることができる．さらには，地球規模でのエネルギーや資源のバランスに関する課題解析にも有効である．

　これらの現象は上述したように本来複雑なものが多いため，化学工学の分野では操作条件範囲に応じて適用可能なさまざまな実験式によって実用に供されてきた．それは非定常，非平衡，非線形の現象を扱うことが避けられないからである．また構成方程式を組み立てることができたとしても，ただちに数値解析による答えを出せるというものでもない．対象としている系に対して本質を捉えているかどうかを見極め，解の安定性を判定しながら解くべき問題の範囲を明確にする作業が必要となる．まずは，現象を支配するパラメーター群が系の挙動に対してどのような影響力をもつかを考えながら，辛抱強く解析することになる．化学工学の数理モデリングの基礎的な考え方を理解したうえで，さまざまな近似の手段を適切に用いることができるように，課題に対する適用の方法を身に着けることが重要である．

1.2　化学工学における数理モデリングの基礎

1.2.1　拡　散　現　象

　ペトリ皿に薄い水の層をつくり，この中央にピペットで静かに色素水溶液を一滴たらすと拡散が始まり，時間とともにその濃度プロファイルは図 1.1 に示すような形になっていく．

　色素の濃度分布が，図 1.2 のように徐々に変化していくことは，よく知られている．

[*1]　もちろん現在では熱流動解析によって反応器内の温度分布，物質分布を求めることができる．しかし，全体の物質と熱のバランスの見通しをつけてから数値計算に臨む態度が非常に重要である．

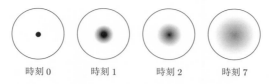

図 **1.1** ペトリ皿における色素拡散の模式図

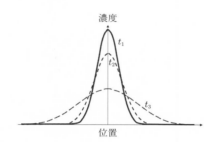

図 **1.2** 色素濃度分布の変化の模式図

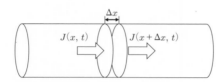

図 **1.3** 微小区間における物質のマスバランス

　この拡散による色素の移動は Fick（フィック）の法則によって決められる．色素濃度を C とすると，単位時間 t あたり単位断面積を移動する色素フラックス $J(x,t)$ はその場所の色素の濃度勾配 $\dfrac{\partial}{\partial x}C$ に比例する．

$$J(x, t) = D\frac{\partial C}{\partial x} \tag{1.1}$$

ここで，D は拡散係数である．

　図 1.3 に示すような微小区間におけるマスバランスを考えると，この区間に色

素が単位時間あたりに入る量と出る量の差がこの区間における濃度変化と同じになる必要があり，それを表すと式(1.2)のような拡散方程式になる．

$$\frac{\partial C}{\partial t} = \lim_{\Delta x \to 0} \frac{J(x,t) - J(x+\Delta x, t)}{\Delta x} = D\frac{\partial^2 C}{\partial x^2} \tag{1.2}$$

3次元の直交座標で表示すると，式(1.3)のようになる．

$$\frac{\partial C}{\partial t} = D\nabla^2 C = D\left(\frac{\partial^2 C}{\partial x^2} + \frac{\partial^2 C}{\partial y^2} + \frac{\partial^2 C}{\partial z^2}\right) \tag{1.3}$$

a. 2次元矩形領域での拡散

まず，一辺の長さ L の2次元矩形領域での拡散を考える．境界条件として，図1.4に示すように $y=L$ の辺上における濃度を $f(x)$ とし，その他の辺は0とする．この状況下において状態は定常的に安定しており，各場所における濃度の時間変化はないと仮定する．すると，解くべき式は式(1.4)となる．

$$\frac{\partial^2 C}{\partial x^2} + \frac{\partial^2 C}{\partial y^2} = 0 \tag{1.4}$$

まずこれを解析的に解き，拡散の様子を調べることとする．

まず，$C(x,y) = P(x)Q(y)$ とする．

$$\frac{Q''(y)}{Q(y)} = -\frac{P''(x)}{P(x)} = \lambda \tag{1.5}$$

$$P''(x) + \lambda P(x) = 0 \tag{1.6a}$$

$$Q''(y) - \lambda Q(y) = 0 \tag{1.6b}$$

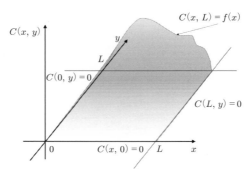

図 1.4 2次元矩形領域での定常拡散

式 (1.5) から，

$$P(x) = A\cos(\sqrt{\lambda}\,x) + B\sin(\sqrt{\lambda}\,x) \tag{1.7}$$

が得られる．ここで A と B は未定定数である．

　境界条件 $C(0, y) = 0$ から，$P(0)Q(0) = 0$ である．よって，$P(0) = 0$ ないし $Q(0) = 0$ であることが必要となる．$Q(0) = 0$ は自明であるが，これでは濃度分布が y 方向に生じないので採用できない．したがって $P(0) = 0$ を採用することになり，$A = 0$ となる．

　同様に，境界条件 $C(L, y) = 0$ から，$P(L) = 0$ となる．よって，

$$P(L) = B\sin(\sqrt{\lambda}\,L) = 0 \tag{1.8}$$

ここに，B は定数である．これを満たす条件は，

$$\sqrt{\lambda}\,L = n\pi \qquad (n = 0, 1, 2, \cdots \infty) \tag{1.9}$$

したがって，

$$P_n(x) = B_n\sin(n\pi x/L) \tag{1.10}$$

が解となる．ここに B_n も定数である．

　$Q(y)$ については，

$$Q(y) = E\exp(\sqrt{\lambda}\,y) + F\exp(-\sqrt{\lambda}\,y) \tag{1.11}$$

が一般解であるが，同様にして，$C(x, 0) = 0$ から $Q(0) = 0$ となるので，$E = -F$ が得られる．式 (1.9) を用いると，

$$Q_n(y) = E_n\left\{\exp\left(\frac{n\pi y}{L}\right) - \exp\left(-\frac{n\pi y}{L}\right)\right\} = 2E_n\sinh\left(\frac{n\pi y}{L}\right) \tag{1.12}$$

と与えられる．最終的には式 (1.10) と式 (1.12) を用いて，

$$C(x, y) = \sum_{n=1}^{\infty} G_n\sin\left(\frac{n\pi x}{L}\right)\sinh\left(\frac{n\pi y}{L}\right) \qquad (G_n = 2B_nE_n) \tag{1.13}$$

となる．なお，$n = 0$ では $C(x, y) = 0$ なので，積算は $n = 1$ から開始している．

　さて，境界条件として，$C(x, L) = f(x)$ があるので，

$$\sum_{n=1}^{\infty} G_n\sin\left(\frac{n\pi x}{L}\right)\sinh(n\pi) = f(x) \tag{1.14}$$

である．定数 G_n を求めるために，sin 関数の直交性

$$\int_0^L \sin\left(\frac{n\pi x}{L}\right)\sin\left(\frac{m\pi x}{L}\right)\mathrm{d}x = \left(\frac{L}{2}\right)\delta(m, n) \tag{1.15}$$

を用いる．ここで $\delta(m, n)$ は Kronecker（クロネッカー）のデルタであり，$m = n$ においてのみ $\delta(m, n) = 1$ となる．そこでまず式 (1.14) の両辺に $\sin\left(\dfrac{m\pi x}{L}\right)$ を乗

じて $0 \leq x \leq L$ の区間で積分を行う.

$$\int_0^L \sin\left(\frac{m\pi x}{L}\right) \sum_{n=1}^{\infty} G_n \sin\left(\frac{n\pi x}{L}\right) \sinh(n\pi) \mathrm{d}x = \int_0^L \sin\left(\frac{m\pi x}{L}\right) f(x) \mathrm{d}x \quad (1.16)$$

このとき, 左辺では $m=n$ の項だけが残るので,

$$G_m \frac{L}{2} \sinh(m\pi) = \int_0^L \sin\left(\frac{m\pi x}{L}\right) f(x) \mathrm{d}x \quad (1.17a)$$

$$G_m = \frac{2}{L \sinh(m\pi)} \int_0^L \sin\left(\frac{m\pi x}{L}\right) f(x) \mathrm{d}x \quad (1.17b)$$

$$C(x, y) = \sum_{n=1}^{\infty} \left\{ \frac{2}{L \sinh(n\pi)} \int_0^L \sin\left(\frac{n\pi x}{L}\right) f(x) \mathrm{d}x \right\} \sin\left(\frac{n\pi x}{L}\right) \sinh\left(\frac{n\pi y}{L}\right) \quad (1.17c)$$

となり, $f(x)$ が単純に 1 で与えられる場合は, 式(1.18)のような形に書ける.

$$C(x, y) = \sum_{n=1,3,5,\cdots}^{\infty} \left(\frac{4}{n\pi \sinh(n\pi)}\right) \sin\left(\frac{n\pi x}{L}\right) \sinh\left(\frac{n\pi y}{L}\right) \quad (1.18)$$

無限大までの和を求める形になっているが, 和の中の n に関する各項は, n の増加につれて非常に速く減少するので, 式(1.18)の n をある有限の値まで計算すれば, およそのプロファイルはわかる. もし, $f(x)$ が何らかの関数形で与えられても, 解析解が求まる場合は計算可能である. たとえば $f(x) = bx(L-x)$ と与えられたとする. すると解析解は式(1.19)となる.

$$C(x, y) = \sum_{n=1,3,5,\cdots}^{\infty} \left(\frac{8L^2 b}{(n\pi)^3 \sinh(n\pi)}\right) \sin\left(\frac{n\pi x}{L}\right) \sinh\left(\frac{n\pi y}{L}\right) \quad (1.19)$$

簡単な例として, $L=1, b=1$ とした場合の濃度プロファイルを図 1.5 に示す.

また, 境界条件が $f(x)$ のような関数形ではなく, 実データなどで与えられる場合は, 数値解を求める必要がある. 数値計算の場合は, 境界条件だけをプログラム上でわずかに変更すればよいだけなので, 解析解が求まるような場合でも, 手軽に計算ができる点で非常に有用といえる. この手法については 1.2.6 項 c で述べる.

b.　球対称と軸対称の拡散

粒子や液滴, 気泡などを扱う場合には球対称に, また円管では軸対称に近似して考察すれば十分なことが多い. 拡散方程式をこれらの座標系で表した場合は下記のようになる.

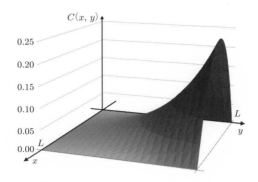

図 1.5 式(1.19)で $L=1, b=1$ とした場合の濃度プロファイル

球対称では,

$$\frac{\partial C}{\partial t}=D\left(\frac{\partial^2 C}{\partial r^2}+\frac{2}{r}\frac{\partial C}{\partial r}\right) \tag{1.20}$$

軸対称では,

$$\frac{\partial C}{\partial t}=\frac{1}{r}\frac{\partial}{\partial r}\left(r\frac{\partial C}{\partial r}\right)+\left(\frac{\partial^2 C}{\partial z^2}\right) \tag{1.21}$$

例題 1.1 軸対称と球対称の拡散方程式を導け. ただし軸対称は r 方向のみを考えよ. ◁

(解) 軸対象(円筒座標系)で図 1.6 のような微小区間におけるマスバランスを考える.

ここで微小区間の面積は $\pi r\Delta r$ となり, 濃度の保存から次式を得る.

$$\Delta C\pi r\Delta r=-D\pi\left(r\frac{\partial C}{\partial r}\right)\Big|_r\Delta t-\left\{-D\pi\left(r\frac{\partial C}{\partial r}\right)\Big|_{r+\Delta r}\Delta t\right\} \tag{1.22}$$

変形して,

$$\frac{\Delta C}{\Delta t}=D\frac{1}{r}\frac{\left(r\frac{\partial C}{\partial r}\right)\Big|_{r+\Delta r}-\left(r\frac{\partial C}{\partial r}\right)\Big|_r}{\Delta r} \tag{1.23}$$

さらに $\Delta r\to \mathrm{d}r$, $\Delta C\to \mathrm{d}C$ として整理すれば, 式(1.21)が得られる.

球対称(極座標系)では, 流出入の面積を $\pi r^2\Delta r$ と変える.

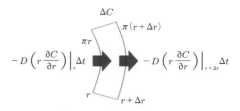

図 **1.6**　軸対象領域における拡散のマスバランス

$$\Delta C \pi r^2 \Delta r = -D\pi\left(r^2\frac{\partial C}{\partial r}\right)\Big|_r \Delta t -\left\{-D\pi\left(r^2\frac{\partial C}{\partial r}\right)\Big|_{r+\Delta r}\Delta t\right\} \tag{1.24}$$

変形すると,

$$\frac{\Delta C}{\Delta t}=D\frac{1}{r^2}\frac{\left(r^2\frac{\partial C}{\partial r}\right)\Big|_{r+\Delta r}-\left(r^2\frac{\partial C}{\partial r}\right)\Big|_r}{\Delta r} \tag{1.25}$$

$\Delta r \to \mathrm{d}r$, $\Delta C \to \mathrm{d}C$ として整理すれば, 式(1.20)が得られる.

例題 1.2　球対称の拡散方程式(1.26)は, 変数変換

$$w=rC$$
$$x=r$$

によって,

$$\frac{\partial C}{\partial t}=D\left(\frac{\partial^2 C}{\partial r^2}+\frac{2}{r}\frac{\partial C}{\partial r}\right) \tag{1.26}$$

$$\frac{\partial w}{\partial t}=D\frac{\partial^2 w}{\partial x^2}$$

となることを示せ. ◁

(**解**)

$$左辺=\frac{\partial w}{\partial t}=r\frac{\partial C}{\partial t}$$

$$右辺=D\frac{\partial^2 w}{\partial x^2}=D\frac{\partial^2(rC)}{\partial r^2}=D\frac{\partial}{\partial r}\left(\frac{\partial(rC)}{\partial r}\right)=D\left(2\frac{\partial C}{\partial r}+r\frac{\partial^2 C}{\partial r^2}\right)$$

1.2.2 拡散現象と応用：カプセルからの薬物放出挙動

半径 a の球状ゲルカプセルから薬物が放出される過程を考察する（図1.7）．これは球対称の拡散問題となる．基礎式(1.20)を初期濃度 $C(r,0)=C_0$，境界条件を $C(a,t)=0$ として解く．このとき，$u(r,t)=rC(r,t)$ とおくと，基礎式と初期条件は，

$$\frac{\partial C}{\partial t}=D\left(\frac{\partial^2 C}{\partial r^2}+\frac{2}{r}\frac{\partial C}{\partial r}\right), \qquad u(r,0)=rC_0, \qquad u(0,t)=0 \tag{1.27}$$

となって，これは変数分離法により解けて，次式の解が得られる．

$$C(r,t)=-\frac{2C_0 a}{\pi r}\sum_{n=1}^{\infty}\frac{\cos(n\pi)}{n}\sin\left(\frac{n\pi r}{a}\right)\exp\left\{\frac{-(n\pi)^2 Dt}{a^2}\right\} \tag{1.28}$$

薬物総量 M の減少速度は，界面 $r=a$ での拡散フラックスに面積をかけて次式となる．

$$\frac{\mathrm{d}}{\mathrm{d}t}M=\left(-D\frac{\partial C}{\partial r}\Big|_a\right)(4\pi a^2)=8\pi a DC_0\sum_{n=1}^{\infty}\exp\left\{\frac{-(n\pi)^2 Dt}{a^2}\right\} \tag{1.29}$$

仮に，$C_0=10^{-3}\,\mathrm{mol\cdot L^{-1}}$，$a=5\,\mathrm{mm}$，$D=10^{-9}\,\mathrm{m^2\cdot s^{-1}}$ として $\frac{\mathrm{d}}{\mathrm{d}t}M$ の変化を図示（片対数）すると，図1.8のようになる．初期に急速に放出が起こり，それ以降も放出速度は指数的に低下していくことがわかる（式(1.29)の n について，10程度まで Excel などで計算し，確認してほしい）．

薬物の放出速度は一定であることが望ましいので，下記の例題に示すような工夫が必要である．

例題 1.3 カプセル表面に拡散の遅い層を設け，時間とともに溶けるようにして，その溶解速度を適切に設計すると，薬剤の放出速度を一定にすることができる．このようなカプセルの設計を行ってみよ．薬剤内部の拡散係数はカプセル表面の層の拡散係数より十分大きいとする．すなわち薬剤内部では薬剤の濃度分布はないとする． ◁

図 1.7 カプセルの拡散問題

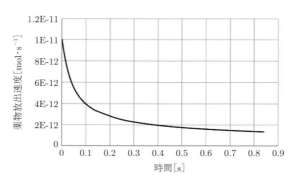

図 1.8　カプセル内の薬剤放出速度変化

（**解**）　カプセルの直径を $R[\mathrm{m}]$，薬物の濃度を $C[\mathrm{mol \cdot m^{-3}}]$，薬物が膜を透過する際の拡散係数を $D[\mathrm{m^2 \cdot s^{-1}}]$，膜厚を $L[\mathrm{m}]$，膜厚減少速度を $a[\mathrm{m \cdot s^{-1}}]$ とし，膜外部の薬物の平衡濃度を C^* とする．また，膜厚は薄いので，膜の溶解が起こっても外表面積は一定であると仮定できる．そして膜外表面では拡散が速く，溶解した膜質濃度を 0 とおくことができる．したがって，膜溶解速度は一定と仮定でき，膜厚の時間変化は初期膜厚を $L_0[\mathrm{m}]$ とすれば，式(1.30)とおける．

$$L=L_0-at \tag{1.30}$$

ここに，a は膜の溶解線速度である．よって，薬剤の時間変化 $\dfrac{\mathrm{d}}{\mathrm{d}t}M$ は式(1.31)で与えられる．

$$\frac{\mathrm{d}}{\mathrm{d}t}M=\frac{\mathrm{d}}{\mathrm{d}t}\left(\frac{\pi}{6}R^3\right)C=D(\pi R^2)\frac{C-C^*}{L_0-at} \tag{1.31}$$

左辺はカプセル内の薬物総量の時間変化，右辺はカプセル表面から単位時間あたりに放出される薬剤の量である．薬物外部からの拡散は速いので，$C^*=0$ とおく．

式(1.31)を変形して式(1.32)を得る．

$$\int\frac{\mathrm{d}C}{C}=\frac{6D}{R}\int\frac{\mathrm{d}t}{L_0-at} \tag{1.32}$$

したがって，式(1.33)が得られる．

$$\ln(C) = \frac{6D}{Ra} \times \ln(L_0 - at) \tag{1.33}$$

これを変形すると式(1.34)が得られる.

$$C = B(L_0 - at)^{\frac{6D}{Ra}} \tag{1.34}$$

B は式(1.35)で与えられる.

$$B = C_0 \Big/ \left(\frac{L_0}{a}\right)^{\frac{6D}{Ra}} \tag{1.35}$$

ここで C_0 は薬物の初期濃度, $6D/Ra$ は無次元になっていることに注意する.

　薬物の放出速度 $\dfrac{\mathrm{d}}{\mathrm{d}t}M$ は,式(1.34),式(1.35)を式(1.31)に代入すると,式(1.36)として得られる.

$$\frac{\mathrm{d}}{\mathrm{d}t}M = D(\pi R^2)\frac{\mathrm{B}(L_0 - at)^{\frac{6D}{Ra}}}{L_0 - at} \tag{1.36}$$

であるから,一定の速度で薬剤が放出されるには,右辺が定数すなわち $6D/Ra = 1$ であることが要請される.つまり,膜の溶解線速度 a が $6D/R$ であれば一定の薬剤放出を達成できることになる.

　このように,現象を俯瞰したうえで前提や仮定を適切に設定すると見通しが良くなり,解きやすいモデルをつくることができる.

1.2.3　確率過程としての拡散

　拡散現象はそもそも分子の熱揺動が原因である.つまり拡散する物質がその周りの分子の衝突によって揺動し,少しずつ確率的にその位置と速度を変えていく過程として表現される.

　まず,1次元において時刻 t において場所 x に粒子を見出す確率を $p(x, t)$ と定義すると,

$$p(x, t) = \alpha p(x - \Delta x, t - \Delta t) + (1 - \alpha)p(x + \Delta x, t - \Delta t) \tag{1.37}$$

と書ける.

　$p(x - \Delta x, t - \Delta t)$ は,粒子が時刻 $t - \Delta t$ において座標 $x - \Delta x$ に存在する確率で,それが Δt 秒後に座標 x に移動する確率が α である.逆方向へは $1 - \alpha$ の確率で移動する(図1.9).ここで式(1.37)を微分形にして,二次の項まで Taylor(テ

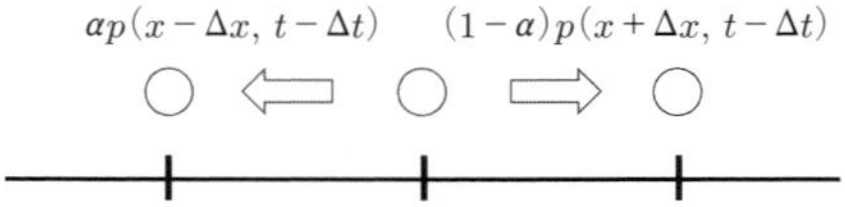

$$\alpha p(x-\Delta x,\,t-\Delta t) \qquad (1-\alpha)\,p(x+\Delta x,\,t-\Delta t)$$

○ ⇐ ○ ⇒ ○

図 1.9 一次元における粒子の揺動確率

イラー）展開する.

すなわち,

$$p(x-\Delta x,\,t-\Delta t)=p(x-\Delta x,t)-\frac{\partial}{\partial t}p(x-\Delta x,t)\Delta t-\left(\frac{1}{2}\right)\frac{\partial^2}{\partial t^2}p(x-\Delta x,t)(\Delta t)^2$$

$$=p(x,t)-\frac{\partial}{\partial x}p(x,t)\Delta x+\left(\frac{1}{2}\right)\frac{\partial^2}{\partial x^2}p(x,t)(\Delta x)^2$$

$$-\left[\frac{\partial}{\partial t}p(x,t)\Delta t-\frac{\partial}{\partial x}\left\{\frac{\partial}{\partial t}p(x,t)\Delta t\right\}\Delta x\right.$$

$$-\left(\frac{1}{2}\right)\frac{\partial^2}{\partial x^2}\left\{\frac{\partial}{\partial t}p(x,t)\Delta t\right\}\Delta x\right]$$

$$-\left[\left(\frac{1}{2}\right)\frac{\partial^2}{\partial t^2}p(x,t)(\Delta t)^2-\frac{\partial}{\partial x}\left\{\left(\frac{1}{2}\right)\frac{\partial^2}{\partial t^2}p(x,t)(\Delta t)^2\right\}\Delta x\right.$$

$$-\left(\frac{1}{2}\right)\frac{\partial^2}{\partial x^2}\left\{\left(\frac{1}{2}\right)\frac{\partial^2}{\partial t^2}p(x,t)(\Delta t)^2\right\}(\Delta x)^2\right]$$

二次の項まで採用すると,

$$p(x-\Delta x,\,t-\Delta t)=p(x,t)-\frac{\partial}{\partial x}p(x,t)\Delta x+\left(\frac{1}{2}\right)\frac{\partial^2}{\partial x^2}p(x,t)(\Delta x)^2-\left[\frac{\partial}{\partial t}p(x,t)\Delta t\right.$$

$$-\frac{\partial}{\partial x}\left\{\frac{\partial}{\partial t}p(x,t)\Delta t\right\}\Delta x-\left(\frac{1}{2}\right)\frac{\partial^2}{\partial x^2}\left\{\frac{\partial}{\partial t}p(x,t)\Delta t\right\}\Delta x\right]$$

同様に,

$$p(x+\Delta x,\,t-\Delta t)=p(x,t)+\frac{\partial}{\partial x}p(x,t)\Delta x+\left(\frac{1}{2}\right)\frac{\partial^2}{\partial x^2}p(x,t)(\Delta x)^2$$

$$-\left[\frac{\partial}{\partial t}p(x,t)\Delta t+\frac{\partial}{\partial x}\left\{\frac{\partial}{\partial t}p(x,t)\Delta t\right\}\Delta x\right.$$

$$+\left(\frac{1}{2}\right)\frac{\partial^2}{\partial x^2}\left\{\frac{\partial}{\partial t}p(x,t)\Delta t\right\}\Delta x\right]$$

左右に動く確率を同じとすると,

$$\alpha=0.5$$

であるから，式 (1.37) は，

$$p(x, t) = 0.5p(x - \Delta x, t - \Delta t) + 0.5p(x + \Delta x, t - \Delta t)$$

$$= p(x, t) + \left(\frac{1}{2}\right)\frac{\partial^2}{\partial x^2}p(x, t)(\Delta x)^2 - \left\{\frac{\partial}{\partial t}p(x, t)\Delta t\right\}$$

したがって，

$$\frac{\partial}{\partial t}p(x, t)\Delta t = \left(\frac{1}{2}\right)\frac{\partial^2}{\partial x^2}p(x, t)(\Delta x)^2$$

拡散係数 D を，

$$D = \lim_{\substack{\Delta t \to 0 \\ \Delta x \to 0}} \frac{(\Delta x)^2}{2\Delta t} \tag{1.38}$$

と定義すれば，

$$\frac{\partial p}{\partial t} = D\frac{\partial^2 p}{\partial x^2} \tag{1.39}$$

と拡散方程式が得られる．この拡散方程式の解は，

$$p(x, t) = \left(\frac{1}{\sqrt{4\pi Dt}}\right)\exp\left(-\frac{x^2}{4Dt}\right) \tag{1.40}$$

と Gauss（ガウス）分布の形をしているわけだが，ちょうど標準偏差 $\sigma(t) = \sqrt{2Dt}$ が拡散の広がりを表している（式 (1.40) を式 (1.39) に代入して確認してみよ）．

1.2.4　マスバランス方程式

　化学工学の数理モデルに現れる三つの重要な方程式系について俯瞰を行う．まず，通常は拡散のほかに流れがあり，さらに反応が同時に起きることが多い．そのマスバランス式を例にとって立式を確かめる．

　微小領域での物質に関しては，次の関係が成立する．

流入 − 流出 + 生成 = 変化量

図 1.10 に示すような断面積 S を有する管における微小区間 Δx で考える．

　全体積流量を F，物質 A のモル濃度を C_A，微小区間通過後の濃度増加を ΔC_A，反応による生成量を $r(C_A)$，A の拡散フラックスを J_A とすれば，

（ⅰ）領域への時間 Δt あたりに A が入るモル量

$$FC_A\Delta t \tag{1.41a}$$

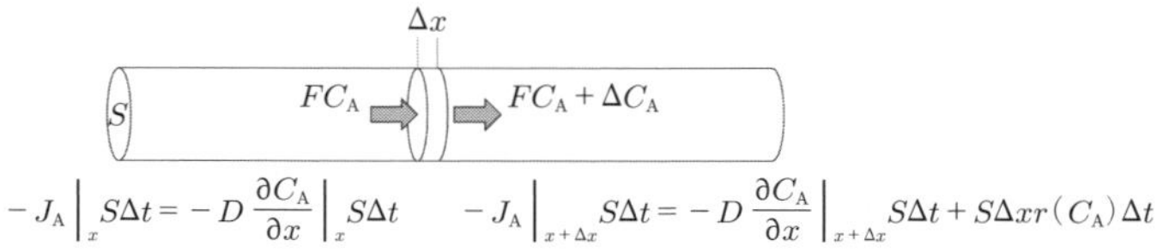

$$-J_A\Big|_x S\Delta t = -D\frac{\partial C_A}{\partial x}\Big|_x S\Delta t \qquad -J_A\Big|_{x+\Delta x} S\Delta t = -D\frac{\partial C_A}{\partial x}\Big|_{x+\Delta x} S\Delta t + S\Delta x\, r(C_A)\Delta t$$

図 **1.10** 微小区間 Δx におけるマスバランス

（ⅱ）領域から単位 Δt あたりの A の流れによって出るモル量
$$F(C_A+\Delta C_A)\Delta t \tag{1.41b}$$

（ⅲ）領域への時間 Δt あたりの A の拡散によって入るモル量
$$-J_A\big|_x S\Delta t = -D\frac{\partial C_A}{\partial x}\bigg|_x S\Delta t \tag{1.41c}$$

（ⅳ）領域から時間 Δt あたりの A の拡散によって出るモル量
$$-J_A\big|_{x+dx} S\Delta t = -D\frac{\partial C_A}{\partial x}\bigg|_{x+dx} S\Delta t \tag{1.41d}$$

（ⅴ）領域内での単位時間あたりの反応生成量
$$S\Delta x\, r(C_A)\Delta t \tag{1.41e}$$

（ⅵ）領域内での単位時間あたりの変化量
$$S\Delta x\, \Delta C_A \tag{1.41f}$$

よって，バランス式は，
$$FC_A\Delta t - F(C_A+\Delta C_A)\Delta t - D\frac{\partial C_A}{\partial x}\bigg|_x S\Delta t + \left\{\left(S\Delta x\, r(C_A)\Delta t - D\frac{\partial C_A}{\partial x}\bigg|_{x+dx} S\Delta t\right)\right\}$$
$$= S\Delta x\, \Delta C_A \tag{1.42}$$

$\Delta x, \Delta t, S$ で除し $u = F/S$ として整理すると，
$$-u\frac{\partial C_A}{\partial x} + D\left(\frac{\partial C_A}{\partial x}\bigg|_{x+dx} - \frac{\partial C_A}{\partial x}\bigg|_x\right) + r(C_A) = \frac{\partial C_A}{\partial t} \tag{1.43}$$

となる．これを整理すると，
$$\frac{\partial C_A}{\partial t} + u\frac{\partial C_A}{\partial x} = D\frac{\partial^2 C_A}{\partial x^2} + r(C_A) \tag{1.44}$$

が得られる．

1.2.5 三つの方程式系

任意の微小体積におけるマスバランスについて式(1.44)を一般化すると,

$$\frac{\partial C}{\partial t}+\boldsymbol{u}\cdot\nabla C=D\nabla^2 C+\gamma(C) \tag{1.45}$$

同様にしてエネルギーについては,

$$\frac{\partial T}{\partial t}+\boldsymbol{u}\cdot\nabla T=D_T\nabla^2 T+\frac{\Delta H}{\rho C_p}\gamma(C) \tag{1.46}$$

$$D_T=\frac{k}{\rho C_p}$$

D_T は熱拡散係数で, 物質の拡散係数と同じ単位$[\mathrm{m^2\cdot s^{-1}}]$を用いる.
運動量については,

$$\frac{\partial \boldsymbol{u}}{\partial t}+(\boldsymbol{u}\cdot\nabla)\boldsymbol{u}=D_\mathrm{M}\nabla^2\boldsymbol{u}-\frac{\nabla P}{\rho} \tag{1.47}$$

$$D_\mathrm{M}\equiv\nu=\frac{\mu}{\rho}$$

$$\nabla=\left(\frac{\partial}{\partial x},\ \frac{\partial}{\partial y},\ \frac{\partial}{\partial z}\right),\qquad \nabla^2=\frac{\partial^2}{\partial x^2}+\frac{\partial^2}{\partial y^2}+\frac{\partial^2}{\partial z^2} \tag{1.48}$$

ここで, D_M は動粘度で, これも物質の拡散係数と同じ単位$[\mathrm{m^2\cdot s^{-1}}]$である. C:濃度, $\boldsymbol{u}$:速度ベクトル, D:拡散係数, $\gamma(C)$:反応速度, T:温度, ρ:密度, C_p:低圧比熱, k:熱伝導率, P:圧力, μ:粘度, ν:動粘度

この三つの式はほぼ同じ形をしていて, 1次元で考える限り, 数値解析としての取扱いは類似している.

さて, 通常は数理モデリングにおいてはこの三つの方程式系をすべて解いていくことはほとんどなく, 系を律速する段階を見極め, 重要と思われる素過程(たとえば反応と拡散)に絞ってモデル式を立て解析を進めることが求められる. そのためには, 各素過程が現象に与える影響度をあらかじめ見積もっておくことが必要であり, いくつかの無次元パラメーター(たとえば Reynolds(レイノルズ)数)を用いた律速段階の俯瞰的評価が重要となる.

現象の見通しを良くするために, 最初に1次元モデルを用いて簡易的に評価することは有効であり, 各章で事例を考察する. 最近ではさまざまな解析ソフトが使え, ここに示したような偏微分方程式において非線形項を含むものでも, シミュレーションコードを直接書かずに簡単な入力によって解を得ることもできる.

1.2.6　数値計算の基礎：離散化

数値計算コードの作成にあたって行う離散化の方法について述べる.

1次元の拡散方程式の解について考察する.

$$\frac{\partial C}{\partial t} = D\frac{\partial^2 C}{\partial x^2} \tag{1.49}$$

・初期条件：$t=0,$　　$x\neq 0,$　　$C=0$

　　　　　　　　　　$x=0,$　　$C=C_0$

・境界条件：$x=\infty,$　　$C=0$

これらを離散的に解く.

離散化はコントロールボリューム法で行う. 手順の詳細は図1.11を用いて示す.

方程式(1.49)をコントロールボリュームAとBの間で積分する.

$$\int_A^B \frac{\partial C}{\partial t}\mathrm{d}x = \int_A^B D\frac{\partial^2 C}{\partial x^2}\mathrm{d}x \tag{1.50}$$

$$\int_A^B \frac{\partial C}{\partial t}\mathrm{d}x = \frac{\partial C_i}{\partial t}\Delta x \tag{1.51}$$

AからBの間で$\dfrac{\partial C_i}{\partial t}$は一定とする.

$$\int_A^B \frac{\partial^2 C}{\partial x^2}\mathrm{d}x = \frac{\partial C}{\partial x}\Big|_B - \frac{\partial C}{\partial x}\Big|_A = \frac{C_{i+1}-C_i}{\Delta x} - \frac{C_i-C_{i-1}}{\Delta x}$$

$$= \frac{C_{i+1}+C_{i-1}-2C_i}{\Delta x}$$

$$\frac{\partial C_i}{\partial t} = D\frac{C_{i+1}+C_{i-1}-2C_i}{\Delta x^2} \tag{1.52}$$

時間ステップをΔtとし, jステップでの濃度をC_i^jと表記し直すと, 式(1.53)となる.

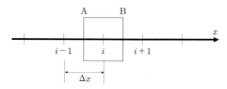

図 1.11　コントロールボリューム AB

$$C_i^{j+1} = C_i^j + \left(D \frac{C_{i+1}^j + C_{i-1}^j - 2C_i^j}{\Delta x^2} \right) \Delta t \tag{1.53}$$

1次元の反応拡散方程式の最も簡単な形は,

$$\frac{\partial C}{\partial t} = D \frac{\partial^2 C}{\partial x^2} + kC \tag{1.54}$$

である.

　数値解を得るための離散化は,陽解法として次の形にして行えばよい.

$$C_i^{j+1} = C_i^j + \left(D \frac{C_{i+1}^j + C_{i-1}^j - 2C_i^j}{\Delta x^2} + kC_i^j \right) \Delta t \tag{1.55}$$

2次元にすると,

$$C_{i,j}^{k+1} = C_{i,j}^k + \left(D \frac{C_{i+1,j}^k + C_{i-1,j}^k + C_{i,j+1}^k + C_{i,j-1}^k - 4C_{i,j}^k}{\Delta x^2} + kC_{i,j}^k \right) \Delta t \tag{1.56}$$

となる.

a.　矩形領域の反応拡散

　初期条件および境界条件として下記を与える.

$$C(0, y) = 1.0 \qquad (0.25 \le y \le 0.75)$$
$$C(0, y) = 0 \qquad (0 \le y < 0.25, \, 0.75 < y < 1.0)$$
$$C(x, 0) = 0, \qquad C(x, 1) = 0, \qquad C(1, y) = 0$$

　たとえば,ガス吸収が一次の反応として起こっているような系に反応項がある場合に相当する.拡散と反応のバランスによって系内の濃度プロファイル(図1.12)は変わる(計算コードの例は付録A1).

b.　管流れにおける移流反応拡散

　管を流れる物質Aが,等温過程において一次反応A→Bで分解していくと考える.ここでCは物質Aの濃度として,次のマスバランス方程式について考察する.

$$\frac{\partial C}{\partial t} + u \nabla C = D \nabla^2 C - kC \tag{1.57}$$

流速uは一定とし1次元のモデルとする.

　移流項$u \nabla C$については,図1.11の区間ABでの積分は,

$$u \int_A^B \frac{\partial C}{\partial x} \mathrm{d}x = u(C_B - C_A) = u \left(\frac{C_{i+1} + C_i}{2} - \frac{C_i + C_{i-1}}{2} \right) \tag{1.58}$$

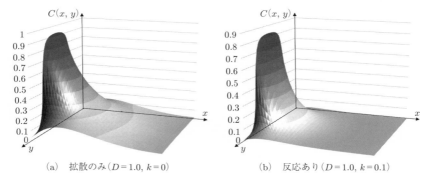

(a)　拡散のみ（$D = 1.0, k = 0$）　　　　(b)　反応あり（$D = 1.0, k = 0.1$）

図 1.12　拡散および反応拡散におけるある時刻の濃度プロファイル

となる．時間発展については次のようになる．

陽解法では，

$$\frac{\partial C_i}{\partial t} = \frac{C_i^{j+1} - C_i^j}{\Delta t} = f(C_i^j) \tag{1.59}$$

この場合は，すでに見たように逐次に時間発展を求めていけばよいが，時間刻みを小さくとらないと移流項がある場合は解が発散することがある．陰解法やCrank-Nicolson（クランク・ニコルソン）法は，時間刻みを大きくしても解は安定であるので有用である．

陰解法では，

$$\frac{\partial C_i}{\partial t} = \frac{C_i^{j+1} - C_i^j}{\Delta t} = f(C_i^{j+1}) \tag{1.60}$$

Crank-Nicolson 法では，ちょうどその中間的な扱いをする．

$$\frac{\partial C_i}{\partial t} = \frac{C_i^{j+1} - C_i^j}{\Delta t} = f\left(\frac{C_i^{j+1} + C_i^j}{2}\right) \tag{1.61}$$

式(1.57)を 1 次元と見なして，式(1.61)の表記で整理すると，次式のように書ける．

$$\frac{C_i^{j+1} - C_i^j}{\Delta t} = D\left\{\frac{(C_{i+1}^{j+1} + C_{i+1}^j) + (C_{i-1}^{j+1} + C_{i-1}^j) - 2(C_i^{j+1} + C_i^j)}{2\Delta x^2}\right\}$$
$$- \frac{u}{\Delta x}\left\{\frac{(C_{i+1}^{j+1} + C_{i+1}^j) - (C_{i-1}^{j+1} + C_{i-1}^j)}{4}\right\} - k\frac{C_i^{j+1} + C_i^j}{2} \tag{1.62}$$

となる．

Crank-Nicolson 法において時間発展の式を整理すると，次式のようになる．

$$\left(-\frac{D\Delta t}{2\Delta x^2}+\frac{u\Delta t}{4\Delta x}\right)C_{i+1}^{j+1}+\left(\frac{D\Delta t}{\Delta x^2}+\frac{k\Delta t}{2}+1\right)C_i^{j+1}+\left(-\frac{D\Delta t}{2\Delta x^2}-\frac{u\Delta t}{4\Delta x}\right)C_{i-1}^{j+1}$$

$$=\left(\frac{D\Delta t}{2\Delta x^2}+\frac{u\Delta t}{4\Delta x}\right)C_{i+1}^j+\left(-\frac{D\Delta t}{\Delta x^2}-\frac{k\Delta t}{2}+1\right)C_i^j+\left(\frac{D\Delta t}{2\Delta x^2}+\frac{u\Delta t}{4\Delta x}\right)C_{i-1}^j$$

$$a=-\frac{D\Delta t}{2\Delta x^2}+\frac{u\Delta t}{4\Delta x},\qquad b=\frac{D\Delta t}{\Delta x^2}+\frac{k\Delta t}{2}+1,\qquad c=-\frac{D\Delta t}{2\Delta x^2}-\frac{u\Delta t}{4\Delta x}$$

$$d_i=\left(\frac{D\Delta t}{2\Delta x^2}+\frac{u\Delta t}{4\Delta x}\right)C_{i+1}^j+\left(-\frac{D\Delta t}{\Delta x^2}-\frac{k\Delta t}{2}+1\right)C_i^j+\left(\frac{D\Delta t}{2\Delta x^2}+\frac{u\Delta t}{4\Delta x}\right)C_{i-1}^j \qquad (1.63)$$

そして，

$$aC_{i-1}+bC_i+cC_{i+1}=d_i \qquad (1.64)$$

という漸化式が得られる．

入口の境界条件は，Dirichlet（ディリクレ）条件（境界値を与える）として C_0 とすれば，$i=1$ に対しては，

$$bC_1+cC_2=d_1-aC_0 \qquad (1.65)$$

が得られる．

また，出口 $x=L=N\Delta x$ では Neumann（ノイマン）条件（境界でフラックスの値を与える）として，$\left.\dfrac{\partial C}{\partial x}\right|_{x=L}=0$ であるとすれば，あらゆる j に対して，

$$\frac{C_{N-2}^j-C_{N-1}^j}{\Delta x}=\frac{C_{N-1}^j-C_N^j}{\Delta x},\qquad C_N^j=2C_{N-1}^j-C_{N-2}^j \qquad (1.66)$$

となり，次の代数方程式を Gauss の消去法で解くことになる．

$$
\begin{aligned}
bC_1+cC_2 &= d_1-aC_0 \\
aC_1+bC_2+cC_3 &= d_2 \\
aC_2+bC_3+cC_4 &= d_3 \\
\cdots\cdots \\
aC_{i-1}+bC_i+cC_{i+1} &= d_i \\
\cdots\cdots \\
aC_{N-2}+bC_{N-1} &= d_{N-1}+cC_N \qquad (1.67)
\end{aligned}
$$

例題 1.4 長さ L の管型の触媒充填層に反応物質 A が流入し，一次反応を起こして物質 B に転換することを想定する．入口の濃度が正弦波で変動するとき，出口での生成物質 B の濃度変化を下記の条件下で数値的に求めよ．

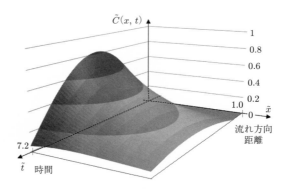

図 1.13　流れ方向の濃度プロファイル時間変化

　$L=1\,\mathrm{m}$，A→B の反応速度定数 k は $0.000\,111\,\mathrm{s}^{-1}$，拡散係数 D は $10\,\mathrm{m^2 \cdot s^{-1}}$，線速度 $u=0.4\,\mathrm{m \cdot s^{-1}}$，入口濃度変化は，

$$C(t)=C_0^* \sin(2\pi\omega t)\qquad(\omega=1.0\,\mathrm{s})\qquad(1.68)$$

で与えられるとする.　　　　　　　　　　　　　　　　　　　　◁

（解）　式(1.57)を 1 次元と見なして，管長 L，流速 u_0 を用いて無次元化を行う.

$$x=\tilde{x}L,\qquad t=\frac{L}{u_0}\tilde{t},\qquad C=C_0\widetilde{C},\qquad u=u_0\tilde{u}$$

であるから，式(1.56)は，

$$\frac{\partial \widetilde{C}}{\partial \tilde{t}}=\left(\frac{D}{u_0 L}\right)\frac{\partial^2 \widetilde{C}}{\partial \tilde{x}^2}+\tilde{u}\frac{\partial \widetilde{C}}{\partial \tilde{x}}-\left(\frac{k}{u_0 L}\right)\widetilde{C}$$

となる.　境界条件(1.67)を与えて解くと図 1.13 のような結果が得られる.

　入口の条件として，実際の計測データを入力すれば現実系の良い予測ができる.　計算コードの例は付録 A2 を参照.

c.　矩形領域での定常拡散

　1.2.1 項で述べた矩形領域での定常拡散の問題を離散化して解くことを考える.　基礎式は式(1.4)である.　これを離散化すると，

$$C(i-1,j)+C(i+1,j)+C(i,j-1)+C(i,j+1)-4\times C(i,j)=0$$

となる.　境界条件と初期値を与えて上式から $C(i,j)$ を計算する.　その値が初期値とずれている場合，計算した $C(i,j)$ を再度用いて次のステップの計算を行う.

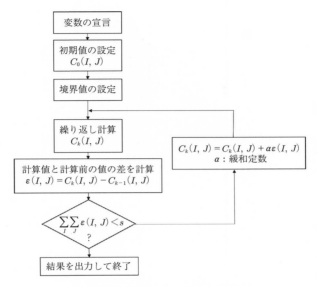

図 1.14 定常状態の拡散の計算手順

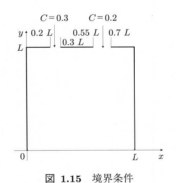

図 1.15 境界条件

これの手順を図 1.14 に示す.

境界条件は図 1.15 に示すように, $y=L$ の境界には穴があり, そこから濃度の異なる物質が拡散してくるような条件である. $y=0$ にも穴があり, ここから先は非常に拡散が速く, 濃度が0になっているとする. その他の境界には壁がある

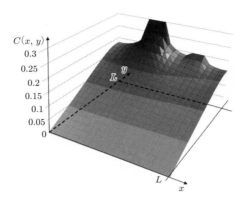

図 1.16　矩形領域での定常拡散の計算例

とすると，流出がない条件すなわち no flux 境界となる．
　数式表現は次式となる．

$$\nabla C|_{\partial\Omega}=0$$

矩形境界の場合，簡単には境界の隣の格子点の値と同じとしてかまわない．
　この場合の計算コードの例を付録 A3 に示す．計算の結果が図 1.16 である．

1.2.7　輸　送　係　数

　気体分子の輸送係数である拡散係数，熱伝導度，粘度は，気体分子運動論から導かれる．ここで，分子の平均速度 $\bar{u}=\sqrt{\dfrac{8kT}{\pi m}}$，平均自由工程 $\lambda=\dfrac{1}{\sqrt{2}\pi d^2 n}$，$n$：ガス中の分子数，$d$：衝突断面積，$m$：分子質量，$k$：Boltzmann（ボルツマン）定数，$T$：絶対温度である．

$$\text{自己拡散係数：}D_{AA}=\frac{1}{3}\bar{u}\lambda=\frac{2}{3}\frac{\sqrt{kT/\pi m_A}}{\pi d_A^2}\frac{1}{n}=\frac{2}{3\pi^{3/2}}\frac{\sqrt{k^3 T^3/m_A}}{pd_A^2} \tag{1.69}$$

$$\text{熱伝導度}\quad:k=\frac{2C_v}{3\pi^{3/2}}\frac{\sqrt{kT/m}}{d^2} \tag{1.70}$$

$$\text{粘度}\quad:\mu=\frac{2}{3\pi^{3/2}}\frac{\sqrt{mkT}}{d^2} \tag{1.71}$$

これを見ると，それぞれ温度の依存性があること，また拡散係数については圧

力の依存性があることがわかる.

　気体の粘度に関しては, 温度の平方根に比例していることから高温で粘度が高いことがわかるが, 液体の場合は分子間に相互作用がはたらくため, 流動する際には, 分子はこの相互作用によるエネルギー障壁を越える必要がある. 温度が高いと分子揺動が大きいので, エネルギー障壁を越えて動きやすくなる. そのため, 高温になるほど液体の場合は粘度が下がる. それが式(1.72), (1.73)で表現されている.

$$\text{Reynolds の式}　　　　：\mu(T)=\mu_0 \exp(-bT) \tag{1.72}$$

$$\text{Andrade（アンドレード）の式}：\mu(T)=A \exp\left(\frac{E}{RT}\right) \tag{1.73}$$

ここでμ_0は極限粘度, bは実験などから求められる定数, Aは頻度因子, Eは活性化エネルギー, Rは気体定数である.

　吸着現象を扱う際には細孔内での拡散挙動に対して注意が必要である. 細孔径が小さい場合はKnudsen（クヌーセン）拡散となり, 分子の拡散は壁との衝突の効果によって影響され, 拡散係数D_kは分子量Mと細孔径rの関数で表される.

$$D_k=\frac{2}{3}r\sqrt{\frac{8RT}{\pi M}} \tag{1.74}$$

空気の拡散係数は300 Kにおいて8.3×10^{-6} m²·s⁻¹であるが, 細孔径が約20 nmを下回ると拡散係数は小さくなって, この系の拡散を律速することになる. 細孔の大きさには通常分布があり, その構造が6章で述べるフラクタルになっている場合もある. この場合, 拡散は単純な指数関数で表現できずに, 拡散の時定数が分布をもつ形(拡張指数型という)になる. 高分子液体や, コロイド溶液, あるいはゲルや高分子中の分子や粒子の拡散挙動を解析するためには, 対象とする場の情報をよく把握することが必要となる.

1.2.8　Brown（ブラウン）拡散

　1827年に英国の植物学者Brownが花粉の観察を行っていたところ, 常に不規則な動きをすることに気が付いた. この原因を探求した結果, 生物の行動としてではなく何か物理的な要因であるとの推測がなされたが, 当時は分子運動論や統計力学が未発達の状態であったため, 理論構築には至らなかった. 1905年にEinsteinが, 気体ないし液体の分子が熱運動の結果として, 微粒子に衝突するこ

とで粒子が不規則な運動をすると結論付けた．微粒子は確率的な運動を行って拡散するが，その挙動は系の温度，粘度，粒子径によって決まることを理論的に導いた．また，その際のエネルギー散逸についても導出がなされている．

　この方程式は，分子衝突というミクロな効果と流体との間の摩擦損失というマクロな効果が同じ式に記述されており，深く考えると不思議な形をしている．しかし，この式は現象をよく表しており，まさに Einstein の慧眼が導いたものといえる．

　Brown 拡散の基礎となる式は，Langevin（ランジュバン）方程式とよばれる確率微分方程式である [1]．近年は外場の中で運動する微粒子についての研究がさかんに行われており，分子モーター，生体分子の挙動などと関連付けられている．これらの多くが平衡から遠く離れた非平衡過程の実例として多くの研究者が関心を示している．

　化学工学の分野において微粒子を含むプロセスは非常に多く，Brown 拡散について理解をしておくことは重要である．以下に基本的な考え方を述べる．周りの分子の衝突による熱揺動を受けて運動する粒子（図 1.17）の運動方程式を式（1.75）のように書く．

$$m\frac{\mathrm{d}x}{\mathrm{d}t} = -fu + F(t) \tag{1.75}$$

第 1 項は，

$$fu = C_\mathrm{D}S \times \left(\frac{1}{2}\rho u^2\right) \tag{1.76}$$

ここに，抵抗係数：$C_\mathrm{D} = \dfrac{24}{Re}$，粒子断面積：$S = \dfrac{\pi}{4}d_\mathrm{p}^2$，粒子 Reynolds 数：$Re = \dfrac{\rho u d_\mathrm{p}}{\eta}$，摩擦係数：$f = 3\pi\eta d_\mathrm{p}$，粒子の質量：$m$，摩擦係数：$f$．第 2 項の $F(t)$ は，分子が衝突することによる揺動力である．

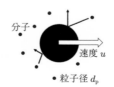

図 1.17　微粒子にはたらく力

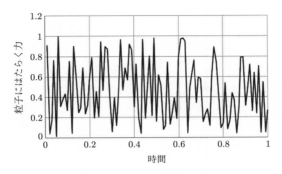

図 **1.18**　揺動力の模式図

$F(t)$ は分子が衝突するたびに瞬間的にはたらくので，図 1.18 のように不連続な関数であり，微分不可能である．しかし，$F(t)$ をデルタ関数の羅列であるとすれば積分は可能である．そこで以降，積分操作だけを許す形で式の変形を行う．

まず式 (1.75) について，

$$A(t) = \frac{F(t)}{m}, \qquad \beta = \frac{f}{m}$$

とおき，

$$\frac{\mathrm{d}x}{\mathrm{d}t} = -\frac{f}{m}u + \frac{F(t)}{m} \tag{1.77}$$

と変形する．両辺に x をかけて $u = \mathrm{d}x/\mathrm{d}t$ とすると，

$$\frac{\mathrm{d}(ux)}{\mathrm{d}t} + \beta ux = u^2 + xA(t) \tag{1.78}$$

ux について解くと，

$$ux = e^{-\beta t}\int_0^t u^2 e^{\beta t'}\mathrm{d}t' + e^{-\beta t}\int_0^t Axe^{\beta t'}\mathrm{d}t' \tag{1.79}$$

これの平均値を考える．

$$\overline{ux} = \frac{\overline{u^2}}{\beta}(1 - e^{-\beta t}) \tag{1.80}$$

一方，

$$\overline{ux} = \frac{\overline{x\mathrm{d}x}}{\mathrm{d}t} = \frac{\overline{\mathrm{d}x^2}}{2\mathrm{d}t} = \frac{1}{2}\frac{\overline{\mathrm{d}x^2}}{\mathrm{d}t} \tag{1.81}$$

なので,

$$\frac{1}{2}\frac{\mathrm{d}\overline{x^2}}{\mathrm{d}t}=\frac{\overline{u^2}}{\beta}(1-e^{-\beta t}) \tag{1.82}$$

両辺を 0 から t まで積分すると,

$$\frac{\overline{x^2}}{2}=\frac{\overline{u^2}}{\beta}t+\frac{\overline{u^2}}{\beta^2}(e^{-\beta t}-1)\quad\left(t\gg\frac{1}{\beta}\right) \tag{1.83}$$

では,

$$\frac{\overline{x^2}}{2}=\frac{\overline{u^2}t}{\beta}=\frac{\overline{u^2}t}{f/m} \tag{1.84}$$

粒子の平均運動に対して熱エネルギーが分配されていると考える.

$$\frac{1}{2}m\overline{u^2}=\frac{kT}{2} \tag{1.85}$$

また,通常の拡散と同様に粒子変位の二乗平均は拡散係数に対して,

$$\overline{x^2}=2Dt \tag{1.86}$$

と与えられる.$f=3\pi\eta d_\mathrm{p}$ であるから,

$$D=\frac{kT}{f}=\frac{kT}{3\pi\eta d_\mathrm{p}} \tag{1.87}$$

が導かれる.これが Stokes-Einstein(ストークス・アインシュタイン)の式である.

例題 1.5　100 nm のコロイド粒子が水中において 25 ℃で懸濁した状態にあったとする.一つの粒子が Brown 拡散するときに,10 分間でその変位はどの程度だろうか.　　　　　　　　　　　　　　　　　　　　　　　　　　　　　　　　　◁

（解）　式(1.87)より拡散係数 D を求める.

$$k=1.38\times10^{-23}\,\mathrm{m^2\cdot kg\cdot s^{-2}\cdot K^{-1}}$$
$$\eta=0.89\times10^{-3}\,\mathrm{Pa\cdot s}$$
$$d_\mathrm{p}=10^{-7}\,\mathrm{m}$$
$$T=298\,\mathrm{K}$$

であるから,

$$D=4.9\times10^{-12}\,\mathrm{m^2\cdot s^{-1}}$$
$$\sqrt{\overline{x^2}}=\sqrt{Dt}=5.42\times10^{-5}\,\mathrm{m}=54\,\mu\mathrm{m}$$

となる.

相対湿度 50% の空気中ではおおよそ,

$$\eta = 1.85 \times 10^{-5} \text{ Pa} \cdot \text{sec}$$

であるから,

$$\sqrt{x^2} = \sqrt{Dt} = 3.76 \times 10^{-4} \text{ m} = 0.376 \text{ mm}$$

程度となる.

Brown 拡散係数がわかれば粒子径が求められる.その方法として動的光散乱法(dynamic light scattering:DLS)[2]があり,有用である.下記にその原理を記す.

液体中に粒子を懸濁させ,これにレーザー光を照射し適当な角度でその散乱光強度 $I(t)$ の変動に関する自己相関関数

$$g_1(\tau) = \frac{\langle I(t) I(t + \tau) \rangle}{\langle I(t)^2 \rangle} \tag{1.88}$$

を求める.拡散係数はこの自己相関関数から求められる.

自己相関関数は,時間 τ に対して指数関数的に減少すると近似でき,

$$g_1(\tau) = b \exp(-q^2 Dt) \tag{1.89}$$

$$\boldsymbol{q} = \frac{4\pi n_0}{\lambda_0} \sin\left(\frac{\theta}{2}\right) \tag{1.90}$$

となる.$\boldsymbol{q}$ は散乱ベクトル,n_0 は液体の屈折率,λ_0 はレーザー光の波長,θ は散乱角である.a, b は未知の定数であるが実験的にフィッティングで決める.

式(1.89)によって Brown 拡散係数 D が求まる.さらに温度と粘度が既知であれば液体中の粒子径がわかる.

現実の粒子はその径に分布があるので,計測される自己相関関数を式の重ね合わせとして近似し,さらにフィッティングすればもとの粒子径分布を求めることができる.フィッティングの手法についてはさまざまな手法が提案されているが,ここでは割愛する.

1.2.9 ポリマーやゲル中の拡散

ポリマーやゲル内部の物質拡散現象を理解することは,薬剤放出や気体のバリアフィルムなどでの応用面で非常に重要である.この拡散は,分子が動くことが可能なポリマーネットワークの隙間の大きさ,すなわち自由体積によって支配さ

れ，分子の大きさあるいはポリマーの分子量などに強く依存する．

　また，ゲルに分子が反応して付加した場合などには，反応の度合に応じて自由体積が減り，拡散係数が小さくなることがある．

　分子 m の体積分率を $\phi_m(x, t)$ とすると，$D(\phi_m)$ の値は次式で表される[3]．

$$D(\phi_m) = D(0) \exp \left\{ \frac{1}{K_1 \left(\dfrac{1}{\phi_m} + K_2 \right)} \right\} \tag{1.91}$$

K_1，K_2 はポリマーと分子の組合せで異なる定数である．$D(0)$ は ϕ_m が 0 の場合の拡散係数である．ポリマーと低分子(たとえばモノマー)の反応はポリマーの反応活性部位への低分子の拡散が支配する拡散律速過程であり，Smoluchowski(スモルコフスキー)の反応速度理論[3]が用いられる．この際にも高分子の自由体積を考慮した拡散係数が用いられる．

　高分子の揺動に伴う拡散係数をあらためて D とし，反応可能な分子間の距離を r とすると，反応速度定数 k は下式で与えられる．

$$k = 4\pi r D$$

　ポリマーの結合部位の空間濃度を C_p，低分子の濃度を C_m とすれば，低分子およびポリマーの反応部位における反応速度 r は，

$$r = k C_p C_m \tag{1.92}$$

となる．これらの考え方を用いたホログラムメモリー媒体に関する実例については 3 章で解説する．

2 反応挙動の解析

　素反応の速度は分子濃度に比例する質量作用の法則に従い，素反応に完全に分解できれば連立常微分方程式として記述でき，全体の解析が可能となる．それにより数多くの化学種の中から制御する必要のあるものを特定でき，反応器を温度コントロールする際の指針となる．

　ラジカル反応などでは2.1節で述べる準定常の仮定をおいて考察すると見通しが良くなる．その他，生体系で多くみられる自己触媒反応や，それを含む連続型撹拌反応器(continuous stirred tank reactor：CSTR)などでは系全体の振動や空間パターンの形成などが報告されているが，これらの挙動に関しては2.2節以下で述べる系の線形安定性を調べることでおおよそのことが把握できる．

　いくつかの反応が同時に起きたり，連鎖したりする系において未知の反応経路を考察する際には，量子化学計算の助けを借りて，生成エネルギーや活性化エネルギーの導出によってエネルギーダイアグラムを作成することもよく行われる．さらに，遷移状態理論に基づき量子化学計算で導出した反応速度を用いて，既知の情報と比較しながら未知の反応に関して考察することも，限定的であるが可能である[1]．

2.1　準定常仮定

　近年応用が進んでいる光化学反応や酵素反応などのプロセスでは，中間の過程で生成するラジカルや酵素複合体などの反応中間生成物の存在が全体の挙動を左右することがよく知られている．このとき，この中間生成物が反応のごく初期に生成したのちはほぼ一定濃度で存在すると仮定すると，反応挙動をよく説明することが多い．これが準定常仮定とよばれるものであり，そのいくつかの事例について後述する．

　最初によく知られている Michaelis-Menten(ミカエリス・メンテン)の酵素反応を例示する．反応を式(2.1)に示す．

$$S+E \underset{k_{-1}}{\overset{k_1}{\rightleftharpoons}} SE \overset{k_2}{\longrightarrow} P+E \tag{2.1}$$

S は基質, E は酵素で, それらが反応して複合体 SE を生成したのち, 生成物 P ができるというものである. 当初, この反応は P の一次反応ではないかと予想されていたが, 意に反して複雑な挙動を呈していることがわかった. 研究が進むにつれ, 観察されにくい SE の寄与を考慮する必要があることがわかったという経緯がある.

さて, 基質 S, 酵素 E, 結合基質 SE, 反応生成物 P のそれぞれのモル濃度を順に s, e, c, p として反応速度式を記述すると, 次式のとおりとなる. これはバッチ式の反応槽で十分に撹拌混合を行っている状況に相当する.

$$\frac{\mathrm{d}s}{\mathrm{d}t} = -k_1 se + k_{-1} c \tag{2.2a}$$

$$\frac{\mathrm{d}e}{\mathrm{d}t} = -k_1 se + (k_{-1} + k_2) c \tag{2.2b}$$

$$\frac{\mathrm{d}c}{\mathrm{d}t} = k_1 se - (k_{-1} + k_2) c \tag{2.2c}$$

$$\frac{\mathrm{d}p}{\mathrm{d}t} = k_2 c \tag{2.2d}$$

これを初期条件

$$s(0) = s_0, \qquad e(0) = e_0, \qquad c(0) = 0, \qquad p(0) = 0$$

のもとに解くことを考える.

まず, 式 (2.2d) では p が c のみに依存する形になっているので, $c(t)$ が決まれば $p(t)$ も決まり, この式はとくに連成させる必要はない. 次に, 酵素自身は添加あるいは除去しないので, 遊離している酵素 E と結合基質 SE を足し合わせたものは常に一定である. したがって,

$$e(t) + c(t) = e_0 \tag{2.3}$$

となり, 結局次の 2 式を解けばよいことになる.

$$\frac{\mathrm{d}s}{\mathrm{d}t} = -k_1 e_0 s + (k_1 s + k_{-1}) c \tag{2.4a}$$

$$\frac{\mathrm{d}c}{\mathrm{d}t} = k_1 e_0 s - (k_1 s + k_{-1} + k_2) c \tag{2.4b}$$

$$s(0) = s_0, \qquad c(0) = 0 \tag{2.4c}$$

ここで複合体については準定常過程, すなわち,

$$\frac{\mathrm{d}c}{\mathrm{d}t} = 0 \tag{2.5}$$

とおいて Michaelis-Menten の反応速度式を導出することが常法であるが，ここではまずあえて 2 式を数値的に解き，s, c, e についての時間変化を調べることとする．

簡単化するために無次元化する．

$$\tau = k_1 e_0 t, \qquad u(\tau) = \frac{s(t)}{s_0}, \qquad v(\tau) = \frac{c(t)}{e_0}$$

$$\lambda = \frac{k_2}{k_1 s_0}, \qquad K = \frac{k_{-1} + k_2}{k_1 s_0} = \frac{K_m}{s_0}, \qquad \varepsilon = \frac{e_0}{s_0} \tag{2.6}$$

上記無次元量を用いて次式を得る．

$$\frac{du}{d\tau} = -u + (u + K - \lambda)v \tag{2.7a}$$

$$\varepsilon \frac{dv}{d\tau} = u - (u + K)v \tag{2.7b}$$

$$u(0) = 1, \qquad v(0) = 0 \tag{2.7c}$$

まず，酵素濃度が基質濃度の 1% 程度として，$\varepsilon = 0.01$，$K = 2$，$\lambda = 1$ とおいて求めた結果を示す（図 2.1）．横軸が対数目盛りであることに注意してほしい．

結果からわかるように，結合基質 SE は非常に速く生成して，その後ゆっくりと減少していく．準定常仮定では，

$$\varepsilon \frac{dv}{d\tau} = u - (u + K)v = 0 \tag{2.8}$$

としているので，

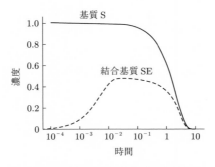

図 **2.1**　基質および結合基質の時間変化

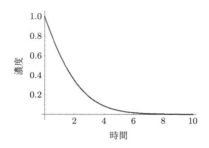

図 **2.2**　結合基質の時間変化の準定常仮定

$$v = \frac{u}{u+K} \tag{2.9}$$

であるから，結局，

$$\frac{\mathrm{d}u}{\mathrm{d}\tau} = -\lambda \frac{u}{u+K} \tag{2.10}$$

を $u(0)=1$ の条件下で解くこととなる．

　この場合，$v(0)$ は 0 とならず，先に求めた結果における $v(t)$ の最大値となっている．しかし，式 (2.10) を解くと図 2.2 のようになり，ほとんど式 (2.7a～c) の解と同じであり，準定常仮定が実用上は有効かつ適切であることがわかる．

　以上に示したとおり，この酵素反応においては，初期は非常に速い過程で複合体の形成が行われるが，その後は緩和の遅い準定常状態に移行することがわかる．

　ポリマーのラジカル重合や劣化反応あるいは光反応などでは，ラジカル生成，ラジカルによる連鎖反応，ラジカルの停止反応が関与しており，その過程は複雑である．とくにラジカルの生成速度は非常に速く，同時に消費も速いので，ラジカル濃度に関して準定常の過程をおいて，このラジカル反応とは並列しないその他の遅い反応に着目して律速を見極める方法論をとることが多い．

2.2 CSTR の安定性

2.2.1 自己触媒反応を含む CSTR の安定性

化学工業では，CSTR がよく用いられる．槽内は完全混合を仮定して，通常は定常状態での運転を前提とした解析を行う．そうすることで多少複雑な反応系でも見通しが良くなり，運転に関する指針も得られる．しかし，生化学反応によくみられる自己触媒反応を含む場合は，系の安定性について考察が必要である．たとえば，活性汚泥による水処理では処理物質の流入により活性汚泥が増殖し，処理速度が加速する現象がみられるが，自己触媒的な作用がはたらいている一例である．

まず，次の自己触媒反応系について考察する．

$$A+B \longrightarrow 2B+C$$

ここで，B はこの反応の触媒となる酵素であり，反応が進めば進むほど触媒量が増え，さらに反応が加速されるというものである．B については左辺では減少し右辺では増加するので，結局 A の減少速度と B の増加速度は同じになる．これを立式すると式 (2.11) となる．

$$r_B = \frac{dC_B}{dt} = \frac{dC_C}{dt} = -\frac{dC_A}{dt} = kC_A C_B \tag{2.11}$$

初期条件 $C_A(0) = C_{A0}$, $C_B(0) = C_{B0}$ のもとに，バッチ式反応器での反応速度 r_B は，反応モル量を x とすれば，

$$C_A = C_{A0} - x, \qquad C_B = C_{B0} + x, \qquad C_C = C_{C0} + x$$

となるから，

$$r = \frac{dC_B}{dt} = \frac{dx}{dt} = k(C_{A0} - x)(C_{B0} + x) \tag{2.12}$$

この解は，

$$x(t) = \frac{C_{A0} e^{(C_{B0}+C_{A0})kt} - C_{B0} e^{(C_{B0}+C_{A0})C_1}}{e^{(C_{B0}+C_{A0})kt} + e^{(C_{B0}+C_{A0})C_1}} \tag{2.13}$$

となる．$x(0) = 0$ なので，

$$C_1 = \frac{1}{C_{B0}+C_{A0}} \ln\left(\frac{C_{A0}}{C_{B0}}\right)$$

すなわち，

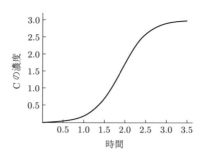

図 **2.3**　C の濃度変化

$$x(t) = \frac{C_{B0}C_{A0}(e^{(C_{B0}+C_{A0})kt}-1)}{C_{B0}e^{(C_{B0}+C_{A0})kt}+C_{A0}} \tag{2.14}$$

試みに，$k=1$，$C_{A0}=3$，$C_{B0}=0$，$C_{C0}=0$ で C_C の挙動を解いて時間 $t=4$ まで x の時間変化をプロットしてみると，図 2.3 のようになる．

　この結果から，初期にはほとんど反応が進まないが，触媒が増加するにつれ急速に反応が進み，原料 A が枯渇し B と C が生成する形になる．次に，A を供給しながら連続的に反応させる CSTR のプロセスを想定する．まず，CSTR の条件での反応条件を示す．入口の反応物質 A，B の流入量を C_{A0}，C_{B0} とする．また $C_{C0}=0$ とする．反応器内は均一混合であり，出口濃度と同じになっているとする．反応器への液流量を F，反応器容積を V とする．また触媒 B の劣化は考えない．そうすると，

$$V\frac{dC_A}{dt} = -VkC_AC_B+F(C_{A0}-C_A) \tag{2.15a}$$

$$V\frac{dC_B}{dt} = VkC_AC_B+F(C_{B0}-C_B) \tag{2.15b}$$

$$V\frac{dC_C}{dt} = VkC_AC_B+F(-C_C) \tag{2.15c}$$

A の反応量 x でこれらを再表記すると，

$$-V\frac{dx}{dt} = -Vk(C_{A0}-x)(C_{B0}+x)+F\{C_{A0}-(C_{A0}-x)\} \tag{2.16a}$$

$$V\frac{dx}{dt} = Vk(C_{A0}-x)(C_{B0}+x)+F\{C_{B0}-(C_{B0}+x)\} \tag{2.16b}$$

$$V\frac{\mathrm{d}x}{\mathrm{d}t}=Vk(C_{\mathrm{A}0}-x)(C_{\mathrm{B}0}+x)+F(-x) \tag{2.16c}$$

となる．式(2.16c)を以降の解析のために整理すると，

$$\frac{\mathrm{d}x}{\mathrm{d}t}=k(C_{\mathrm{A}0}-x)(C_{\mathrm{B}0}+x)+\frac{F}{V}(-x) \tag{2.17}$$

となる．まず，定常状態を考えると，

$$k(C_{\mathrm{A}0}-x)(C_{\mathrm{B}0}+x)+\frac{F}{V}(-x)=0 \tag{2.18}$$

である．

$$\alpha=(C_{\mathrm{A}0}-C_{\mathrm{B}0})-\frac{F}{kV} \tag{2.19}$$

$$\beta=C_{\mathrm{A}0}C_{\mathrm{B}0} \tag{2.20}$$

とすると，式(2.18)は，

$$x^2-\alpha x+\beta=0 \tag{2.21}$$

　定常解は $C_{\mathrm{A}0}>0$，$C_{\mathrm{B}0}>0$ では必ず存在する．グラフで示すと図 2.4 の二次曲線と直線の交点である．

　定常解は $\bar{x}>0$ であるので，

$$\bar{x}=\frac{\alpha+\sqrt{\alpha^2+4\alpha\beta}}{2} \tag{2.22}$$

が定常解となる．

$$f_1(x)=k(C_{\mathrm{A}0}-x)(C_{\mathrm{B}0}+x), \qquad f_2(x)=\left(\frac{F}{V}\right)x$$

とすれば，$y=f_1(x)$，$y=f_2(x)$ の交点が定常解を与える(図 2.4 参照)．

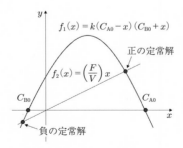

図 **2.4**　式(2.18)の定常解

　それではこの定常解は安定だろうか．定常解 $\bar{x}$ が微小の摂動成分 x' だけ変化すると考え，式(2.22)の解についてその挙動を調べる．

$$x = \bar{x} + x' \tag{2.23}$$

を式(2.21)に代入する．

$$\frac{\mathrm{d}(\bar{x}+x')}{\mathrm{d}t} = k\{-(\bar{x}+x')^2 + \alpha(\bar{x}+x') - \beta\} \tag{2.24}$$

なお，$\bar{x}$ は定常解であるので，

$$\frac{\mathrm{d}\bar{x}}{\mathrm{d}t} = 0 \tag{2.25}$$

$$\bar{x}^2 - \alpha\bar{x} + \beta = 0 \tag{2.26}$$

を満たす．

$$\frac{\mathrm{d}x'}{\mathrm{d}t} = k\{(-2\bar{x}+\alpha)x' - x'^2\} \tag{2.27}$$

ここで，x' は微小量であるので $x'^2 = 0$ とする．

$$\frac{\mathrm{d}x'}{\mathrm{d}t} = k(-2\bar{x}+\alpha)x' \tag{2.28}$$

となる．

　式(2.22)を用いると，

$$\frac{\mathrm{d}x'}{\mathrm{d}t} = (-k\sqrt{\alpha^2+4\alpha\beta})x' \tag{2.29}$$

となる．解は，

$$x' = A\exp(-k\sqrt{\alpha^2+4\alpha\beta}\,t) \tag{2.30}$$

となり，変動成分は時間経過につれ 0 に近づくので，定常解は安定に存在することがわかる．ここで，A は正の積分定数である．

　試みに $k=1, C_{A0}=1, C_{B0}=0.5, \dfrac{F}{V}=1$ として，系 $(\bar{x})$ の経時変化をみると，図2.5となり，定常に落ち着くことがわかる．

　さて，反応槽を洗浄し，最初にまったく触媒がない状況下で反応物のみを入れて運転をしていたとする．この場合は，触媒がないので反応が起きないことになる．しかし，洗浄が不十分でごく微量の触媒が残っていたとする．この場合の安定性を考察してみよう．まず基礎となる式は $C_{B0}=0$ とおいた，

$$V\frac{\mathrm{d}x}{\mathrm{d}t} = Vk(C_{A0}-x)x + F(-x) \tag{2.31}$$

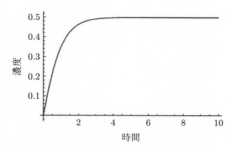

図 **2.5**　濃度 x の経時変化

であり，これの定常解は，

$$Vk(C_{A0}-x)x+F(-x)=0 \tag{2.32}$$

である．解は，$x=0$，$x=C_{A0}-\dfrac{F}{Vk}$ の二つの可能性がある．

　いま考察している状況は，$x=0$ でまったく反応が起こらない定常状態である．そこで先に解析した方法と同様に，

$$x=\bar{x}+x'$$

とおき，式に代入する．

$$\gamma=C_{A0}-\frac{F}{Vk}>0 \tag{2.33}$$

とおいて整理すると，$\bar{x}=0$ であるから，

$$\frac{\mathrm{d}x'}{\mathrm{d}t}=k(\gamma x'-x'^2) \tag{2.34}$$

摂動成分 x' は非常に小さいので，$x'^2=0$ とおく．

$$\frac{\mathrm{d}x'}{\mathrm{d}t}=k\gamma x' \tag{2.35}$$

これの解は $x'(t)=A\exp(k\gamma t)$ となり，これはわずかな変動が加速度的に増加することを意味する．すなわち不安定な定常状態であることがわかる．

　一方，反応物のフィード量が多く，

$$\gamma=C_{A0}-\frac{F}{Vk}<0 \tag{2.36}$$

の場合は，安定解となり，反応は進行しない．

　このことから，直観的にも明らかなように，不十分な洗浄でごくわずかでも触

媒が残存している場合には，本来の反応を開始する前に反応の準備操作などにおいて少量フィードで反応物を流すと，意に反して加速度的に反応が進行してしまうことになる．

2.2.2　多 重 安 定 性

次に，

$$A+2B \longrightarrow 3B$$

という反応について考察する．

Aの反応量 x を用いて同様に立式すると，

$$\frac{\mathrm{d}x}{\mathrm{d}t}=k(C_{A0}-x)(C_{B0}+x)^2+\left(\frac{F}{V}\right)(-x) \tag{2.37}$$

となる．この場合の定常解は三つ存在する可能性がある．それは $(C_{A0}-x)$ $(C_{B0}+x)^2$ の変曲点が $0<x<C_{A0}$ に存在する場合である．すなわち，

$$6x-(C_{A0}-3C_{B0})=0 \tag{2.38}$$

において正の解が存在して，$x=\dfrac{C_{A0}-3C_{B0}}{6}<C_{A0}$ となる場合であるが，

$$C_{A0}>3C_{B0} \tag{2.39}$$

であれば必要十分であることがわかる．この条件下での定常状態を図2.6上で求める．式(2.37)の右辺第1項の $k(C_{A0}-x)(C_{B0}+x)^2$ を $f_1(x)$ とし，第2項の $\dfrac{F}{V}x$

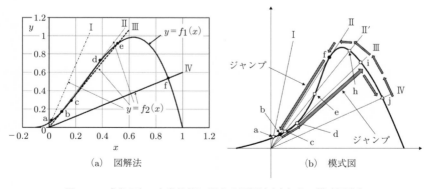

(a)　図解法　　　　　　　　　(b)　模式図

図 2.6　式(2.37)の定常状態に関する図解法(a)とその模式図(b)

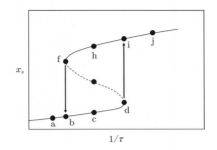

図 2.7　定常解のヒステリシス

を $f_2(x)$ とすると，$y=f_1(x)$ と $y=f_2(x)$ の交点が定常状態を与える．直線の傾き F/V は滞留時間 τ の逆数に相当する．ここで図 2.6(a) は $C_{A0}=1$，$C_{B0}=0.1$ に相当する．

　さて，流量 F が大きく（滞留時間 τ が短く）反応率 x が非常に小さい状況から，流量 F を徐々に減少させて（すなわち F/V が減少するので直線の傾きが小さくなることに相当する），この系の挙動を調べたとする．図の a 点は F/V が大きい場合（Ⅰ に相当）の定常解を与える．F/V が Ⅰ より若干小さい Ⅱ の場合に定常解として b と d（接点となっている）を与えるとする．

　このあたりを見やすくした模式図を図 2.6(b) に示す．この場合は b 点で系が定常になる．さらに流量 F を減らした Ⅱ′ では c 点で定常となる．そして Ⅲ に至ると d 点に到達する．この状況からわずかに流量を減らすと系の定常解は突然 i 点に飛ぶ．すなわちジャンプ[*1] が起きる．さらに流量 F を減ずると，高い濃度の定常状態 j に移行することになる．逆に j 点から流量を増やすと I，h，f の各点を経て c 点に飛ぶ．すなわちヒステリシスを生じることになる．破線の部分は不安定解であり，たとえば e 点は定常状態としては実現されない．この状況を滞留時間の逆数（$1/\tau=F/V$）と定常解との関係として模式的に図示すると，図 2.7 のようになる．

---

　*1　ジャンプには瞬時とはいえ有限の時間がかかる．しかし，この時間を導出することは難しい．遷移状態は不安定であり，その時々の濃度変動などの影響で遷移の筋道を決定できないからである．

2.2.3 振動する CSTR

その他の例として，次に示す Schnakenberg（シュネッケンバーグ）の酵素反応について考察する．これは，先の自己触媒反応に触媒成分 X がその環境下で平衡となる成分が存在し，かつ反応物 Y が B から生成するという条件が加わっている．

$$X \underset{k_{-1}}{\overset{k_1}{\rightleftharpoons}} A$$

$$B \overset{k_2}{\longrightarrow} Y$$

$$2X + y \overset{k_3}{\longrightarrow} 3X$$

これを表現する無次元化した速度式は下記で与えられる．u, v, a, b はそれぞれ X，Y，A，B の無次元化濃度である．

$$\frac{du}{dt} = a - u + u^2 v = f(u, v) \tag{2.40a}$$

$$\frac{dv}{dt} = b - u^2 v = g(u, v) \tag{2.40b}$$

$$u(0) = u_0, \qquad v(0) = v_0 \tag{2.40c}$$

この反応の安定性解析を行う[2]．まず定常解を，u_s, v_s とすると，

$$f(u_s, v_s) = a - u_s + u_s^2 v_s = 0 \tag{2.41a}$$

$$g(u_s, v_s) = b - u_s^2 v_s = 0 \tag{2.41b}$$

$$u_s = a + b, \qquad v_s = \frac{b}{(a+b)^2}$$

次に，この定常解に対して微小の変位（摂動）$\delta u, \delta v$ を加えてその挙動を調べる．まず，

$$u = u_s + \delta u$$

$$v = v_s + \delta v$$

を式(2.40a, b)に代入し，右辺を Taylor 展開する．

$$\frac{du_s}{dt} + \frac{d\delta u}{dt} = f(u_s, v_s) + \frac{\partial f}{\partial u}\bigg|_{u_s, v_s} \delta u + \frac{\partial f}{\partial v}\bigg|_{u_s, v_s} \delta v + O(\delta u^2, \delta v^2, \delta u \delta v)$$

$$\frac{dv_s}{dt} + \frac{d\delta v}{dt} = f(u_s, v_s) + \frac{\partial g}{\partial u}\bigg|_{u_s, v_s} \delta u + \frac{\partial g}{\partial v}\bigg|_{u_s, v_s} \delta v + O(\delta u^2, \delta v^2, \delta u \delta v)$$

u_s と v_s は定常状態の解であることを考慮し，微小項を無視して一次のみをとると，

$$\frac{\mathrm{d}\delta u}{\mathrm{d}t}=\left.\frac{\partial f}{\partial u}\right|_{u_s,v_s}\delta u+\left.\frac{\partial f}{\partial v}\right|_{u_s,v_s}\delta v$$

$$\frac{\mathrm{d}\delta v}{\mathrm{d}t}=\left.\frac{\partial g}{\partial u}\right|_{u_s,v_s}\delta u+\left.\frac{\partial g}{\partial v}\right|_{u_s,v_s}\delta v$$

すなわち Jacobi(ヤコビ)行列 A は，

$$A=\begin{pmatrix} f_u & f_v \\ g_u & g_v \end{pmatrix}=\begin{pmatrix} -1+2u_sv_s & u_s{}^2 \\ -2u_sv & -u_s{}^2 \end{pmatrix} \tag{2.42}$$

である．

$$\operatorname{tr} A=-1+2u_sv_s+(-u_s{}^2)=\frac{b-a}{a+b}-(a+b)^2 \tag{2.43}$$

$$\det A=f_ug_v-f_vg_u=(a+b)^2>0 \tag{2.44}$$

$$\alpha=\operatorname{tr} A$$

$$\beta=\det A$$

とすると，

$$\alpha^2-4\beta<0$$

で，

$$\alpha\geq0$$

ならば，不安定な周期解となる(付録 A4 参照)．

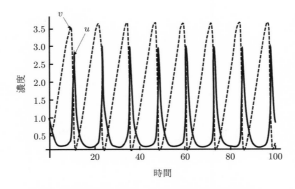

図 2.8　Schnakenberg の酵素反応の振動解の例

$$\frac{b-a}{a+b}-(a+b)^2 \geq 0 \tag{2.45}$$

かつ,

$$\left(\frac{b-a}{a+b}-(a+b)^2\right)^2 - 4(a+b)^2 < 0 \tag{2.46}$$

が必要である. $a=0.1, b=0.5$ であれば周期解をもつはずである. 初期条件を,

$$u(0)=u_0=1, \qquad v(0)=v_0=0.5$$

とすると, 解は図 2.8 のような振動挙動を示すことがわかる.

このような条件下で, 系を安定させるためにフィードバック制御などを行うことは難しく, 然るべき解析のもとに, 安定条件を見出したうえで反応装置系の設計を行うことが必要となる.

3 反応と拡散

3.1 概要

　n 種類の物質が関わる反応において，i 成分の反応拡散方程式は一般的に次式のように書ける．

$$\frac{\partial C_i}{\partial t} = D_i \nabla^2 C_i + f_i \qquad (C_1, C_2, \cdots, C_n) \tag{3.1}$$

ここで，D_i は i 成分の拡散係数，f_i は i 成分に関わる反応速度式である．まず，各成分の拡散係数が同じ場合で単純な反応系（たとえば一次反応）の挙動を調べてみよう．

例題 3.1　半径 R の多孔質球状触媒において反応ガスが内部に浸透し，一次反応 A→B が起きている場合を想定する．反応速度定数は k_1，粒子内のガス拡散係数は D とし，また粒子表面は濃度 C_{AS} に保たれているとする．以下の問いに答えよ．
(1) 定常状態の基礎式を立てよ．
(2) 無次元化して粒子内の A の濃度分布を求めよ．
(3) 1 粒子で単位時間あたりに反応する量を求めよ．　　　　　　　　◁

（解）
　(1) 多くの場合，反応が進むと粒子内部は比較的早く定常状態に達する．すなわち反応速度が n 次である場合は，

$$\frac{\partial C_A}{\partial t} = D r^2 \frac{\partial}{\partial r}\left(\frac{1}{r^2}\frac{\partial C_A}{\partial r}\right) - k_n C_A{}^n = 0 \tag{3.2}$$

$$\frac{\partial C_B}{\partial t} = D r^2 \frac{\partial}{\partial r}\left(\frac{1}{r^2}\frac{\partial C_B}{\partial r}\right) + k_n C_A{}^n = 0 \tag{3.3}$$

境界条件は，

$$r = R : C_A = C_{AS}, \qquad C_B = 0$$

$$r=0:\frac{\partial C_A}{\partial r}=0, \qquad \frac{\partial C_B}{\partial r}=0$$

式(3.2)を無次元化すると，次の式が得られる．

$$\tilde{C}_A=C_A/C_{AS}$$

$$\tilde{r}=r/R$$

$$\frac{\partial^2 \tilde{C}_A}{\partial \tilde{r}^2}+\frac{2}{\tilde{r}}\frac{\partial \tilde{C}_A}{\partial \tilde{r}}-\phi_n{}^2\tilde{C}_A=0 \tag{3.4}$$

$$\phi_n{}^2=\frac{k_n R^2 C_{AS}{}^{n-1}}{D}=\frac{k_n R C_{AS}{}^n}{D(C_{AS}-0)/R}$$

ϕ_n は **Thiele(チーレ)数** とよばれ，表面での反応速度と拡散速度の比である．

(2)一次反応，すなわち $n=1$ の場合は，

$$\frac{\partial^2 \tilde{C}_A}{\partial \tilde{r}^2}+\frac{2}{\tilde{r}}\frac{\partial \tilde{C}_A}{\partial \tilde{r}}-\phi_1{}^2\tilde{C}_A=0 \tag{3.5}$$

$$\phi_1=R\sqrt{\frac{k_1}{D}}$$

これを解くために，変数 $w=\tilde{C}_A\tilde{r}$ を導入する．式(3.5)は次式へ変形される．

$$\frac{\partial^2 w}{\partial \tilde{r}^2}-\phi_1{}^2 w=0 \tag{3.6}$$

これの解は，

$$w=A\cosh\phi_1\tilde{r}+B\sinh\phi_1\tilde{r} \tag{3.7}$$

となる．ここで A と B は積分定数である．

したがって，

$$\tilde{C}_A=\frac{A}{\tilde{r}}\cosh\phi_1\tilde{r}+\frac{B}{\tilde{r}}\sinh\phi_1\tilde{r} \tag{3.8}$$

$\tilde{r}=1$ における境界条件は，$\tilde{C}_A=1$ であるので，

$$\tilde{C}_A=\frac{C_A}{C_{AS}}=\frac{1}{\tilde{r}}\left(\frac{\sinh\phi_1\tilde{r}}{\sinh\phi_1}\right) \tag{3.9}$$

となる．

(3)単位時間あたりに，粒子表面から拡散で内部に移動する量は半径 R の1粒子あたりの反応速度 M_A となるので，

$$M_A=4\pi R^2 D\frac{\partial C_A}{\partial r}\bigg|_{r=R} \tag{3.10}$$

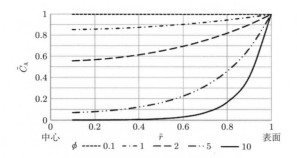

図 **3.1** 触媒球内の定常濃度分布

$$M_A = 4\pi RDC_{AS}\left(\frac{\sinh\phi_1 + \phi_1\cosh\phi_1}{\sinh\phi_1}\right) \tag{3.11}$$

触媒粒子内定常濃度分布の ϕ_1 に対する依存性を図3.1に示す.

拡散係数が大きければ(ϕ が小さければ),物質が内部まで浸透するのは直感的にも明らかである.

この反応における触媒の利用率(触媒有効係数 η)は,

$$\eta = \frac{1}{\phi_1}\left[\frac{1}{\tanh\phi_1} - \frac{1}{\phi_1}\right] \tag{3.12}$$

となる.

例題 3.2 式(3.12)を導け. ◁

(**解**) 触媒球全体が一様に完全に反応したとすれば,球の無次元反応体積は $4\pi/3$ であり,また触媒球内の濃度分布は,

$$\tilde{C}_A = \frac{C_A}{C_{AS}} = \frac{1}{\tilde{r}}\left(\frac{\sinh\phi_1\tilde{r}}{\sinh\phi_1}\right) \tag{3.13}$$

であるから,

$$\int_0^1 4\pi\tilde{r}^2\tilde{C}_A d\tilde{r} \Big/ \int_0^1 4\pi\tilde{r}^2 d\tilde{r} = \int_0^1 4\pi\tilde{r}^2\frac{1}{\tilde{r}}\left(\frac{\sinh\phi_1\tilde{r}}{\sinh\phi_1}\right)d\tilde{r}\Big/(4\pi/3) \tag{3.14}$$

が一様な反応に対する割合である.計算すると,

$$\eta = \frac{1}{\phi_1}\left[\frac{1}{\tanh\phi_1} - \frac{1}{\phi_1}\right] \tag{3.15}$$

となる.

　　定常に到達する時定数 t_s は，触媒粒子径 R に対して拡散係数 D を用いれば，

$$t_s = \frac{R^2}{D}$$

となる．たとえば，2 mm の触媒粒子を用いて気相反応をさせたとする．気相での拡散係数 D は $10^{-4}\,\mathrm{m^2 \cdot s^{-1}}$ 程度であるから，時定数は $4 \times 10^{-2}\,\mathrm{s}$ と非常に短い．すなわち，反応開始後すぐに定常に達すると考えられる．なお，触媒粒子の多くは多孔質の微粒子の造粒体である．この微粒子にはさらに細孔があるので，実際にはこの内部の拡散を考慮する必要がある．1章で述べたように，細孔径が 20 nm より小さくなると Knudsen 拡散の影響（気体分子の平均自由行程と細孔径が近くなり，細孔壁での衝突によって拡散が阻害される）が表れ始めるので，上記の拡散時定数については細孔構造に関する注意が必要である．

　　現実の系では，反応生成物によって拡散係数が異なる場合や，反応の進行によるゲル化などで物質の拡散係数が変わる場合，さらには複雑な反応項を有する場合などがある．とくに，生体系ではこのような反応拡散過程が多く，エンゼルフィッシュやシマウマのような生体の皮膚上に現れる Turing（チューリング）パターンはその事例である．皮膚というゲルの中で縞を構成する物質ごとに拡散係数が異なることが必要条件となっている．

　　その他，物質の拡散によりゲルが膨潤（あるいは収縮）することにより，拡散係数が増加（減少）する現象がある．たとえばフィルムによるガスや液体のシールや塗膜の乾燥における表面硬化（フィルミング）などで考慮する必要がある．イオン性の物質（電解質溶液など）が極性基を有するゲル内を拡散し，架橋構造に変化をもたらすこともある．これらの濃度が反応拡散の場で時空間の変動を起こし，ゲル構造の時間変化を誘起し，それが逆にさらに反応拡散場に影響を及ぼすこともある．以下の節で事例を検討する．

3.2　反応拡散を利用したデバイス：ホログラムメモリー

　　write once 型の体積ホログラムメモリーにおける記録中の媒体変化は，反応拡散の応用例として興味深い．記録書込みの原理は次のようなものである[1]．

　　ポリマーゲル中に分散させた反応性のモノマーなどに光を照射するとラジカル化し，それがポリマーゲルと結合する．結合していないモノマーの濃度は光照射がない部分に比べ低下するので，熱揺動で動き得る色素は場所によって密度に差

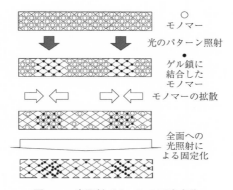

図 3.2 光照射パターンの固定方法

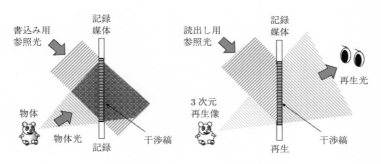

図 3.3 ホログラムメモリーの原理

が生じる．この密度差に応じて拡散が起こり，結果として光照射された部分にモノマーが集まることになる．こうして生成したモノマーのパターンは，最終的に均一な光照射により固定される（図 3.2）．まずこの原理（図 3.3）について反応拡散方程式を立てる．

反応としては，モノマーがマトリックスに結合する速度を考えればよい．すなわち，光反応を起こして拡散移動するモノマーの濃度が C_m，そのモノマーがマトリックスに結合して高分子化したものの濃度が C_p である．

すなわち，$C_m + M \rightarrow C_m M$ の式において $C_m M$ を C_p と表している．反応速度定数を k とすると反応速度式は，

$$\frac{\mathrm{d}C_\mathrm{p}}{\mathrm{d}t} = kC_\mathrm{m} \tag{3.16}$$

となる．ところで，実際のホログラムでは反応速度定数は場所 x の関数となる．
これは干渉縞が形成されるため，光照射強度が場所によって異なるためである．
すなわち，反応速度定数を $k(x)$ とおく．ここでは光反応の反応速度は光の照射
濃度に比例するとし，かつ一次反応を仮定する．ホログラムでは干渉縞が形成さ
れるので，その間隔を d とすると，

$$k(x) = k_0\left\{1 + V\cos\left(\frac{2\pi x}{d}\right)\right\} \tag{3.17}$$

と書ける．ここに，V は光に対する感応性に関わる定数である．したがって，
$k_0(1+V)$ はこの反応の反応定数の基準であり，光照射強度の基準値 I_0（図 3.4 参
照）に比例する量となる．また，$D(C_\mathrm{p})$ を拡散係数とする．マトリックスにモノ
マーが結合すると，モノマーの動き得る空間すなわち自由体積が減少し，この拡
散係数は低下するので，C_p の関数となっている．なお，ここでは媒体の厚みの考
慮はしない 1 次元モデルであるため，厚み方向の光吸収による影響は無視する．
以上をもとに立式すると，式(3.18a, b)となる．

$$\frac{\partial C_\mathrm{m}}{\partial t} = \frac{\partial}{\partial x}\left\{D(C_\mathrm{p})\frac{\partial C_\mathrm{m}}{\partial x}\right\} - k(x)C_\mathrm{m} \tag{3.18a}$$

$$\frac{\partial C_\mathrm{p}}{\partial t} = k(x)C_\mathrm{m} \tag{3.18b}$$

　まず，拡散係数は一定として，基準値 D_0 をおく．そして拡散と反応のバラン
スの効果について考察する．それに先立ち，k_0 と d を用いて式(3.18a, b)を無次
元化する．無次元化した時間と距離は $\tilde{t} = k_0 t$ と $\tilde{x} = x/d$ である．

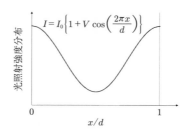

図 3.4　光照射強度分布

$$\frac{\partial \widetilde{C}_{\mathrm{m}}}{\partial \tilde{t}} = \alpha \frac{\partial}{\partial \tilde{x}} \left(\frac{\partial \widetilde{C}_{\mathrm{m}}}{\partial \tilde{x}} \right) - \tilde{k}(\tilde{x}) \widetilde{C}_{\mathrm{m}} \tag{3.19a}$$

$$\frac{\partial \widetilde{C}_{\mathrm{p}}}{\partial \mathrm{t}} = \tilde{k}(\tilde{x}) \widetilde{C}_{\mathrm{m}} \tag{3.19b}$$

$$\tilde{k}(\tilde{x}) = 1 + V \cos(2\pi \tilde{x}) \tag{3.19c}$$

$$\alpha = \frac{D_0}{k_0 d^2} \tag{3.19d}$$

α は拡散と反応の比（Damköhler 数）を表す．ポリマーゲル中のモノマー拡散係数 D は概ね 10^{-20} m$^2 \cdot$s^{-1} である．

反応速度 k_0 はポリマーへの低分子拡散が律速するとすれば，Smoluchowski の反応速度式から，

$$k = 4\pi RD \tag{3.20}$$

である．R は反応に与る距離であり，おおよそ 10^{-11} m 程度である．

そこで，α を 10〜0.01 としてその影響を調べることとする．d は干渉縞の間隔であるが，干渉縞の形成は光の波長を λ，二つの光源の距離を a，この二つの光源の間の中心から記録媒体までの距離を l とすれば，

$$d = \frac{l\lambda}{a} \tag{3.21}$$

となる．l/a を 10 と想定すれば可視光波長が 500 nm 程度なので，d は 5 μm 程度と仮に設定できる．$V = 0.9$，$\alpha = 1.0$ とし，干渉縞の波長の長さの範囲で周期境界条件を設定する．初期条件としてモノマーは $C_{\mathrm{m}}(0, x) = 1$，ポリマーは $C_{\mathrm{p}}(0, x) = 0$ とする．モノマー濃度は時間経過とともに減衰する（図 3.5）．マト

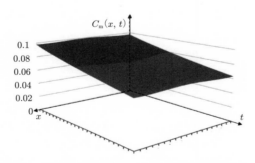

図 **3.5** モノマー濃度（C_{m}）プロファイルの時間変化
（$V = 0.9$, $\alpha = 1.0$）

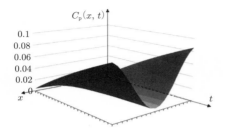

図 3.6　マトリックスに結合したモノマー
　　　濃度（C_p）プロファイルの時間変化
　　　（$V=0.9$，$\alpha=1.0$）

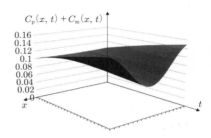

図 3.7　C_m と C_p の和の時間変化
　　　（$V=0.9$，$\alpha=1.0$）

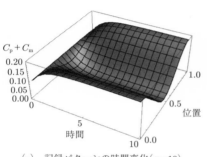

（a）　記録パターンの時間変化（$\alpha=10$）

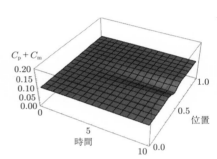

（b）　記録パターンの時間変化（$\alpha=0.01$）

図 3.8　Damköhler 数 α による記録パターン時間変化の違い

リックスに結合したモノマー量は，図 3.6 に示すようなパターンを示す．ほぼ照
射光強度の分布をそのまま再現している．未反応モノマーは記録工程の最後で全
面に光照射が行われるので，最終的なパターンは C_m と C_p の和のパターンとな
る（図 3.7）．
　最終的な記録パターン（C_m+C_p の時間変化）について，α の影響を調べる．
$\alpha=10$ の場合は記録パターンの最大値と最小値の差が大きくなっていることがわ
かる（図 3.8(a)）．一方，$\alpha=0.01$ になると記録パターンが明瞭でなくなる（図 3.8
(b)）．すなわち，反応律速であることが好ましいといえる．時刻 $\tau=10$ におけ
るパターン形成についてモノマーの拡散による効果を調べると，図 3.9 のように
なる．モノマーの拡散係数が大きいほうが光照射パターンの再現には好ましいこ
とがわかる．

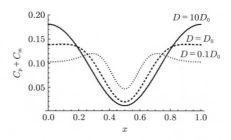

図 **3.9**　モノマーの拡散係数による記録パターンの違い

さて，現実にはマトリックス中のモノマーの拡散は，モノマーがマトリックスに結合すると減少するため，反応が進行した部位では十分な拡散が行われない[2][3]．1章で説明したように，この効果を考慮した拡散係数は，C_p の関数として式(3.22)のように表される．

$$D=D_0 \exp\left\{\frac{C_p}{a(1+bC_p)}\right\} \tag{3.22}$$

これらを立式すると次式となる．

$$\frac{\partial \widetilde{C}_m}{\partial \tilde{t}}=\frac{\partial}{\partial \tilde{x}}\left(\alpha\frac{\partial \widetilde{C}_m}{\partial \tilde{x}}\right)-\tilde{k}(\tilde{x})\widetilde{C}_m \tag{3.23a}$$

$$\frac{\partial \widetilde{C}_p}{\partial t}=\tilde{k}(\tilde{x})\widetilde{C}_m \tag{3.23b}$$

$$\tilde{k}(\tilde{x})=1+V\cos(2\pi\tilde{x}) \tag{3.23c}$$

$$a=\frac{D_0}{k_0 d^2}\exp\left\{\frac{\widetilde{C}_p}{a(1+b\widetilde{C}_p)}\right\} \tag{3.23d}$$

式(3.23d)中の $\exp\left\{\frac{\widetilde{C}_p}{a(1+b\widetilde{C}_p)}\right\}$ は，自由体積の減少が $\widetilde{C}_p$ の増加に伴って起こり，拡散係数が実質的に下がることを示している．

$\frac{D_0}{k_0 d^2}=1$ の場合について，文献値[1]から $a=0.0115$，$b=6.7$ を用いて挙動を調べると（図3.10，図3.11），モノマー濃度は時刻 $t=10$ においてもまだ中心部分が未反応である．最終的なパターンを図3.7と比較すると，パターンの発達が不十分であることがわかる（図3.12）．$t=10$ において照射光のパターン（照射光強度 I の最大値が0.2となるよう調整），拡散係数一定の場合，拡散係数が C_p の関数で

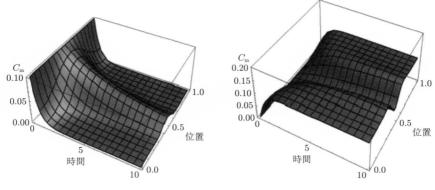

図 **3.10** モノマー濃度の時間変化   図 **3.11** 結合モノマーの時間変化

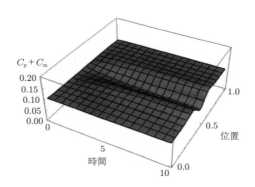

図 **3.12** 記録パターンの時間変化

ある場合のそれぞれを比較する(図 3.13).拡散係数が C_p の関数である場合は,照射光パターンからずれて,最大値が境界でないところにあることがわかる.

こうした傾向を鑑みて,反応速度,拡散係数が適切に選択されるようにマトリックス,モノマーおよび反応系を選択することが必要である.一般に反応は早いほうが好ましいとされる傾向があるが,この事例では拡散が不十分であると望みのパターンが得られないので,あえて反応速度を犠牲にする必要もある.

また拡散係数の向上には,マトリックスの密度を下げる必要があるため,ポリマーゲルが材料として選択されている.柔らかい材料で媒体を形成するには何ら

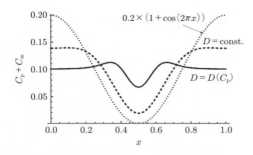

図 3.13 拡散係数が結合モノマー濃度依存性をもつ
場合の記録パターン

かの支持体上に塗布することが必要となるので，膜厚の均一化のために工夫が必要となる．また，柔軟なマトリックスは徐々に体積変化を起こすことがあるため，長期保存の観点からこれらを抑制する工夫も必要である[4]．さらに，不純物は光散乱や媒体劣化の原因となる場合も多いので，これらを制御するための製造プロセスを考案することも重要なことである．このように製品開発においては，一つの課題を解決すると新たな課題解決を求められることが多い．その際に数理モデリングを上手に行うと，現象の俯瞰を経て，効率的に正しく最適化することが可能となる．このホログラム記録デバイスは，2012年に至り，記録速度が2000年当時に比べ100倍以上の改善がなされていることを付記しておく[4]．

3.3 反応拡散による時空間パターンの形成

反応拡散方程式で表される現象には，複雑な時空間構造を生成するものがある[5]．これらはとくに，反応の特異性のほかに拡散係数が物質によって異なることなどにより発現する．安定性の考察を行うことによって，挙動の解析がある程度可能である．

3.3.1 Turing 不安定性

二つの物質が相互に反応しながら拡散する場合を考える．それぞれの物質の拡散係数が異なり，片方の物質が他方の物質の生成を促進し(activator，興奮性因

子)，片方の物質は逆に抑制する場合(inhibitor，抑制性因子)，系全体は不安定となり時空間の振動を起こすことがある．これを Turing 不安定とよぶ．実在の系に関しては CIMA (chlorite-iodide-malonic acid) 反応系において Ouyang と Swinney の報告があり，また 1995 年には近藤らがエンゼルフィッシュなどの縞模様がこれの発現形態であることを見出している[6]．

$$\frac{\partial u}{\partial t} = \nabla^2 u + u - \eta\alpha v \tag{3.24a}$$

$$\frac{\partial v}{\partial t} = d\nabla^2 v + \eta u - \beta v \tag{3.24b}$$

上式は Turing 不安定の基礎的な方程式である．ここで，u が activator，v が inhibitor であり，u, v の拡散係数の比が d である．反応速度としては，u は自己触媒的に自身の濃度に比例して生成が進む一方，v の存在で生成が抑制される．u は v の生成も促し，v 自身はやはり自己触媒的に自身の生成を抑制する表式になっている．

次に，式(3.24a, b)の安定性解析を行う．関数 u, v を下記のように Fourier (フーリエ)展開で表示する．

$$u(t,x) = \sum_k^\infty u_k(t)e^{-ikx} \tag{3.25a}$$

$$v(t,x) = \sum_k^\infty v_k(t)e^{-ikx} \tag{3.25b}$$

これを式(3.24a, b)に代入し，波数 k の成分に着目して整理すると，

$$\frac{du_k}{dt} = (1-k^2)u_k - \eta\alpha v_k \tag{3.26a}$$

$$\frac{dv_k}{dt} = \eta u_k - (\beta + dk^2)v_k \tag{3.26b}$$

となる．これの定常状態における安定性を調べるため，まずこの系の固有値を λ_k として，次の特性方程式を解く．

$$\begin{vmatrix} (1-k^2)-\lambda_k & -\eta\alpha \\ \eta & -(\beta+dk^2)-\lambda_k \end{vmatrix} = 0 \tag{3.27}$$

すなわち，

$$\lambda_k{}^2 - \{1-k^2-(\beta+dk^2)\}\lambda_k + \eta^2\alpha - (1-k^2)(\beta+dk^2) = 0 \tag{3.28}$$

この解は，

$$\lambda_k = \frac{\{1-k^2-(\beta+dk^2)\} \pm \sqrt{\{1-k^2-(\beta+dk^2)\}^2 - 4\{-\eta^2\alpha + (1-k^2)(\beta+dk^2)\}}}{2}$$

$$\tag{3.29}$$

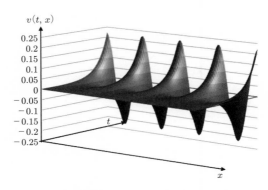

図 3.14　Turing パターン

となる.

　定常状態が安定である必要十分条件は,

$$1-k^2-(\beta+dk^2)<0 \tag{3.30a}$$

$$-\eta^2\alpha+(1-k^2)(\beta+dk^2)<0 \tag{3.30b}$$

である. $1<\beta$ であれば, 式(3.30a)は自動的に成り立つ. しかし d が非常に大きい場合には有限の k に対して式(3.30b)が常には成立しない. すなわち, 解が時間的に発展することが予想される.

　d, α, β, η をそれぞれ設定して解の挙動を調べると, 初期の微小擾乱が発展して周期的な解が出現する場合がある. たとえば $d=9.8$, $\alpha=5.5$, $\beta=4.9$, $\eta=1$ とし, 初期条件, 境界条件をそれぞれに設定した場合の結果を図 3.14 に示す.

　こうしたパターン形成が自然界によくみられ, それらの一例がシマウマやエンゼルフィッシュの模様である[6].

3.3.2　晶析を伴う反応拡散

　二クロム酸カリウムで浸したゲルの上に硝酸銀を垂らすと, その液滴の周りから二クロム酸銀の沈殿物が周期的に形成され, 光の回折でみられるようなパターンとなる. これが Liesegang(リーゼガング)環である. イメージは図 3.15 のようなものである.

　メノウのパターンがその例であるが, 長い間詳しい解析がなされていなかった

図 **3.15**　Liesegang 環の模式図

ため，化石と間違えられていたようである．比較的最近になって反応拡散と核生成による沈着が組み合わさったものとして理解が進むようになった．

　ゲルの中では物質の拡散係数はその種類によって著しく異なることがあり，そのため Turing パターンでも考察したように時空間の構造形成の一要因となる．

　まず対象とする系は，イオン A とイオン B が反応し C を生成，この C が溶解度を超える濃度になると沈殿物 D が析出するというものである．

　A，B それぞれのイオン価数を m，n とすると，反応は，

$$n\mathrm{A}^{m+} + m\mathrm{B}^{n-} \longrightarrow \mathrm{C}$$

$[A]^n[B]^m$ が溶解度積 K_{sp} を超えると，溶解平衡がずれて C が生成する．C は核発生の臨界濃度 C^* に至ると沈殿物 D を生じると考える．C の導入は若干冗長であるが，過飽和に至るまで沈殿が生成しないと考えるのは妥当である．ここで，各イオン A，B，および生成物 C の拡散係数は異なると考える．これらを立式すると以下のようになる．

$$\frac{\partial [A]}{\partial t} = D_\mathrm{A} \nabla^2 [A] - nk\Theta([A]^n[B]^m - K_{sp}) \tag{3.31a}$$

$$\frac{\partial [B]}{\partial t} = D_\mathrm{B} \nabla^2 [B] - mk\Theta([A]^n[B]^m - K_{sp}) \tag{3.31b}$$

$$\frac{\partial [C]}{\partial t} = D_\mathrm{C} \nabla^2 [C] + k\Theta([A]^n[B]^m - K_{sp}) - k'\Theta(|[C]| - |[C_s]|) \tag{3.31c}$$

$$\frac{\partial [D]}{\partial t} = k'\Theta(|[C]| - |[C_s]|) \tag{3.31d}$$

k および k' は反応速度定数，$\Theta(x)$ は下記の Heaviside（ヘビサイド）のステップ関数である．

$$\Theta(x) = 0 \quad (x \leq 0)$$
$$\Theta(x) = 1 \quad (x > 0)$$

これらを数値的に解くと，パターン形成の再現ができる．

　沈殿物は，一旦生成すると拡散が遅いので，ほぼ生成した場所にとどまる．生成原料は沈殿物の成長に消費されるので，その周りでは濃度が低下し，次の沈殿物を生成しない．拡散によって原料が少し離れたところに供給されると，再び臨界濃度を超えて沈殿物が生成する．これが繰り返されてパターン生成が行われるという原理である．パターンのピッチは光の回折パターンと同じであることも数値的に明らかになっている．人為的にフォトマスクを用いなくてもこのようなパターンが精度高く得られるのは驚きである．

例題 3.3 式(3.31a〜d)の基礎となる反応式を，A＋B→C とする．したがって，$n＝m＝1$ とする．文中で述べているように，$[A][B]$ が溶解度積 K_{sp} を超えた場合には即座に C を生成し，さらに $[C]$ が過飽和濃度 C_s に達した場合には，沈殿物 D を生成すると考えているが，次の手順でアルゴリズムを作成し，離散化した式を数値的に解き，パターン形成を再現してみよ．

　解くべき基礎式は式(3.31a〜d)であるが，簡単のため次の条件下でコードを作成して解いてみよ．

(1) $D_A＝D_B＝0.04$

(2) $D_c＝0.02$

(3) $K_{sp}＝2×10^{-5}$，$C_s＝0.082$

(4) 境界条件：$[A]＝1.0$　(at $x＝0$)，$[B]＝0.1$　(at $x＝2000$)，$[C]＝0$，$[D]＝0$

(5) 初期条件：$[A]＝0$，　　$[B]＝1.0$

　アルゴリズム概要：時間ステップを dt とする．

Ⅰ．$t→t+dt/2$ まで拡散項のみを陽解法あるいは Crank-Nicolson 法で解き，$[A]|_{t+dt/2}, [B]|_{t+dt/2}, [C]|_{t+dt/2}$ を求める．

Ⅱ．$[A]|_{t+dt/2}[B]|_{t+dt/2}>K_{sp}$ であれば，$([A]|_{t+dt/2}-s)([B]|_{t+dt/2}-s)=K_{sp}$ を s に関して解き，次のステップ $t+dt$ において，$[A]|_{t+dt}=[A]|_{t+dt/2}-s, [B]|_{t+dt}=[B]|_{t+dt/2}-s$ とする．

Ⅲ．$[C]|_{t+dt/2}+x>C_s$ であれば，$t+dt$ において，$[C]|_{t+dt}=C_s$，また $[D]|_{t+dt}=[D]|_{t+dt/2}+[C]|_{t+dt/2}-C_s$

Ⅳ．$[A]|_{t+dt/2}[B]|_{t+dt/2}<K_{sp}$ であれば，$[A]|_{t+dt}, [B]|_{t+dt}$ はさらに拡散項のみを解いて求める．

Ⅴ．$[C]|_{t+dt/2}+x<C_s$ であれば，同様に $[C]|_{t+dt}$ は拡散項のみを解いて求める．また，$[D]|_{t+dt}=[D]|_{t+dt/2}$ とする．

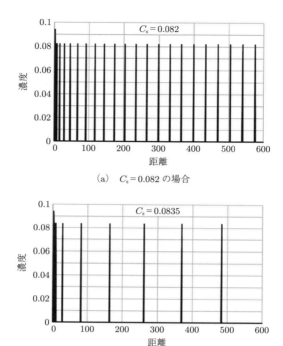

(a) $C_s = 0.082$ の場合

(b) $C_s = 0.0835$ の場合

図 **3.16**   生成物の濃度分布

　このとき，文献[7]にあるように，C_s によってパターンの幅が異なることを確かめよ．　　　　　　　　　　　　　　　　　　　　　　　　　　　　　▷

（**解**）　アルゴリズムに従い計算コード(付録 A5)を作成して計算した結果を示す．C_s が基準値 0.082 の場合(図 3.16(a))と 0.0835 の場合(図(b))を比較すると，図のようにピッチが異なることがわかる．C_s が大きくなると粒子生成が遅れ，その間に物質の拡散が進み，ピッチが大きくなるということである．

4　移流と反応および熱バランス

　多くの工場では，200℃以下の低温排熱が未利用のまま環境に排出されている．これを回収して輸送し，温水などとして再利用する蓄熱輸送が近年着目されている．しかし顕熱として輸送するには断熱が難しいので，相変化熱や反応熱の形に転換し利用する方法が考案されている．本章では，150℃以下の低温排熱で再生可能なゼオライトを用いた蓄熱システムに関し，マスバランスと熱バランスを考慮した数理モデルについて述べる．

4.1　化学蓄熱輸送

　ゼオライトは無機酸化物の多孔体であり，触媒や吸着材などに用いられている．親水性のあるゼオライトは，吸湿材として種々の化学プラントや除湿機などで使用されている．物質を吸着したゼオライトを再生工程で加熱すれば，吸着物質が脱着し，再び利用可能となる．

　水分を吸着物質として，150℃以下でも再生可能なゼオライトを用いると，図4.1 に示すような蓄熱輸送の概念が成立する．まず排熱により再生したゼオライ

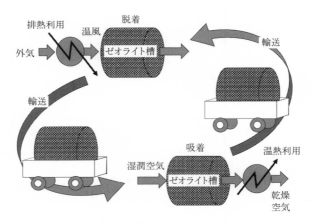

図 4.1　蓄熱輸送の概念図

トを容器内に封じる．それを輸送して，別の場所で湿度の高い空気を系内に送ると吸着熱が発生する．この吸着熱を利用して温水（場合によっては水蒸気）を生成し活用する．

　この原理について，再生と吸着のプロセスを1次元のモデルで考察する．まずシミュレーションのための立式の前に，現実的な再生，吸着工程の目標をもとにこれを実現するための前提条件を俯瞰する．

例題 4.1　図 4.2 に示す容器にゼオライトを充填し，これを蓄熱材容器として用いる．いま，立方体である $V=1\,\mathrm{m}^3$ の蓄熱槽があり，これにゼオライトが充填されていて，完全に飽和にまで水分を吸着していたとする．これを排熱回収で得られた 80℃ の空気で再生（蓄熱過程）することを考える．

　蓄熱槽内のゼオライトを 95% まで再生に必要な空気量 M と最大の風量 $F_{\max}$ およびその場合の最短の再生時間 $t_{\min}$ を見積もってみよ．

　ただし，送風時の許容圧損 $\Delta p_{\max}$ は 5000 Pa とする．ゼオライト粒子に関する諸元は表 4.1 に与える．空気の条件は表 4.2 に与える．この再生空気条件の 25℃ におけるゼオライトの平衡吸着量は，飽和吸着量の 5% とする．

　厚さ L のゼオライト層を空気が空塔線速度 u で流入するときの圧力損失 Δp は，次の Kozeny-Carman（コゼニー・カルマン）の式で与えられるとする．

$$\Delta p = \frac{180u\mu}{d_{\mathrm{p}}^{2}}\frac{(1-\varepsilon)^2}{\varepsilon^3}L$$

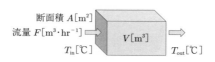

図 4.2　蓄熱槽のモデル

表 4.1　ゼオライト粒子に関する諸元

パラメーター	値	パラメーター	値
密度(ρ_{p})	2000 kg·m⁻²	平均粒子径(d_{p})	2.00E−03 m
熱伝導度(k)	5 J·m⁻¹·s⁻¹·K⁻¹	水分飽和吸着量(a)	0.3 kg·kg⁻¹-zeolite
比熱(C_{p})	5000 J·kg⁻¹·K⁻¹	平均吸着熱(q)	60 kJ·mol⁻¹-H₂O
熱拡散係数(α)	5.00E−07 m²·s⁻¹	吸着層内充填率(ε)	0.5

表 **4.2**　流入空気(空気条件)に関する諸元

	再生用空気	吸着用空気
温度(T_0)	80 ℃	25 ℃
絶対湿度(H_0)	1.25 kg·kg^{-1}-dry air	2 kg·kg^{-1}-dry air

ここで，d_pはゼオライト粒子径，μは空気粘度，εはゼオライト粒子層の空隙率
(ゼオライト内の空隙は含まない)である.　　　　　　　　　　　　　　◁

(**解答例**)　100% 吸着した水分を 5% まで再生するために必要な熱量 Q_r は，

$$Q_\mathrm{r}=\frac{0.95 q\rho_\mathrm{p}\varepsilon Va}{0.018}$$

ここで水の分子量を 18 とした.
　それぞれ与えられた数値を入れると，

$$Q_\mathrm{r}=0.95\times10^9\text{ J}$$

となる.
　一方，再生空気から与えられる熱量 $Q_\text{r-air}$ は，

$$Q_\text{r-air}=\rho_\text{air}C_\text{p-air}M\times(80-25)$$

であるので，

$$M\approx0.87\times10^4\text{ m}^3$$

となる.
　送風空気の最大風量 F_max は，許容圧力損失 Δp_max が 5000 Pa と与えられているので，Kozeny-Carman の式より計算できる.　また，空気の粘度は 80℃ で，2.1×10^{-5} Pa·s である.　ゼオライト粒子は単分散で 2 mm 径とする.　空隙率 ε は 0.5 とする.　蓄熱槽は立方体であり，断面積 $A=1\text{m}^2$，長さ $L=1\text{ m}$ である.
　すなわち，

$$F_\text{max}=\Delta p_\text{max}\frac{Adp^2\varepsilon^3}{180L(1-\varepsilon)^2}\approx2.65\text{ m}^3\cdot\text{s}^{-1}$$

となる.
　よって，

$$t_\text{min}=\frac{M}{F_\text{max}}\approx3300\text{ s}$$

となり，1 時間以内で再生が可能となる.

　次に，この蓄熱槽における熱の取出しについて考察する.

　流速 $u=1\,\mathrm{m\cdot s^{-1}}$，槽の長さ $L=1\,\mathrm{m}$ で設計を行う.この場合，熱伝導に関する Péclet(ペクレ)数 $Pe=uL/\alpha$ はおおよそ 2×10^{6} となり，槽内の実効的な熱拡散は空気の移流項に比べ 6 桁小さいので，流れ方向の熱拡散項は無視できる.粒子基準の Péclet 数 $Pe=ud_{\mathrm{p}}/\alpha$ もおおよそ 4×10^{3} となり，粒子内の熱拡散を無視してかまわない.同時に全体を断熱近似として取り扱うことができる.また，粒子基準の Reynolds 数 $Re=\rho_{\mathrm{air}}ud_{\mathrm{p}}/\mu$ は粒子径を $1\,\mathrm{mm}$ 程度とすると，90 程度となるので，粒子周りでは層流近似が成り立ち，乱流渦の発生はなく，したがって乱流拡散の考慮は不要となる.分子拡散による輸送は，流れによる輸送に比べ小さいので，物質バランス式における拡散項は無視できる.したがって，1 次元での移流・反応モデルとして考察してかまわない.

$$\frac{\partial C_{\mathrm{g}}}{\partial t}+u\nabla C_{\mathrm{g}}=\gamma(C_{\mathrm{g}})\times\frac{1}{\varepsilon} \tag{4.1a}$$

$$\epsilon\frac{\partial C_{\mathrm{s}}}{\partial t}=\gamma(C_{\mathrm{g}}) \tag{4.1b}$$

$$\rho_{\mathrm{s}}C_{\mathrm{ps}}\frac{\partial T_{\mathrm{s}}}{\partial t}=\Delta H\gamma(C_{\mathrm{g}})-h\times A(T_{\mathrm{s}}-T_{\mathrm{g}}) \tag{4.1c}$$

$$\rho_{\mathrm{g}}C_{\mathrm{pg}}\frac{\partial T_{\mathrm{g}}}{\partial t}+\rho_{\mathrm{g}}C_{\mathrm{pg}}u\nabla T_{\mathrm{g}}=h\times A(T_{\mathrm{s}}-T_{\mathrm{g}})\times\frac{1-\varepsilon}{\varepsilon} \tag{4.1d}$$

$\gamma(C_{\mathrm{g}})$ については，空気中の水分吸着平衡濃度 $C_{\mathrm{g}}{}^{*}$ からのずれに比例するとして，

$$\gamma(C_{\mathrm{g}})=k(C_{\mathrm{g}}-C_{\mathrm{g}}{}^{*}) \tag{4.2}$$

とする.k は吸着速度定数であり $0.01\,\mathrm{s^{-1}}$ と与えた.これは拡散時定数のおおよそ逆数に相当する.記号の意味は表 4.3 に一覧として示した.

　一方，水分吸着平衡濃度は粒子側の吸着濃度に依存しており，ゼオライトの種類により特徴的な関数形をしている(図 4.3).本節の計算においては，低温再生型のゼオライト SAPO34 の吸着等温線(図 4.4)を定式化して用いる.このゼオライトの吸着等温線を表現するために，

$$吸着ポテンシャル：\psi=-RT\ln\!\left(\frac{p}{p_{\mathrm{s}}}\right) \tag{4.3}$$

を用いて，

$$吸着量：q=a\psi+b \tag{4.4}$$

の形に近似する.そして表 4.4 に示すように，領域ごとに a と b の値をフィッ

表 **4.3** モデル計算に用いる変数

パラメーター記号	記号の説明	パラメーター記号	記号の説明
C_g	ガス中水分濃度	ρ_s	ゼオライト密度
C_s	ゼオライトに吸着している水分量	C_{ps}	ゼオライト比熱
		u	空気流速
T_s	ゼオライト温度	h	ゼオライトと空気間の
T_g	空気温度		熱交換効率
$\gamma(C)$	吸着速度	ΔH	吸着熱
ρ_g	空気密度	ε	粒子の充填層内充填率
C_{pg}	空気比熱	A	粒子比表面積

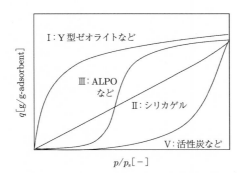

図 **4.3** 種々の吸着物質における吸着等温線

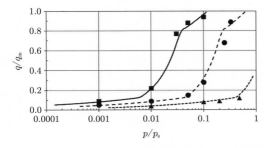

温　度	333K	373K	433K
計算値	──	─ ─	- - -
実測値	■	●	▲

図 **4.4** SAPO34 の吸着等温線
垣内博行ら：化学工学論文集，**31**(4)(2005)，273-277.

表 **4.4**　吸着等温線の近似曲線パラメーター

領域	ϕ の範囲	a	b
1	$\phi<4.696$	-0.0693	-1.018
2	$4.696\leq\phi\leq9.677$	-0.367	0.380
3	$\phi>9.677$	-0.0831	-2.37

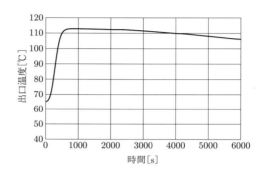

図 **4.5**　水分吸着による蓄熱槽の発熱時間変化

表 **4.5**　蓄熱槽の操作条件

パラメーター	値	パラメーター	値
入口温度(T_0)	65.0 ℃	空隙率(ε)	0.4
圧力(P)	101 325 Pa	粒子密度(ρ_p)	900 kg·m^{-3}
初期濃度(C_0)	4.4 mol·m^{-3}	粒子比熱(C_{pp})	1000 J·K^{-1}·kg^{-1}
流量(F)	1.0 m^3·s^{-1}	空気密度(ρ_f)	1.2 kg·m^{-3}
吸着塔体積(V)	1.0 m^3	空気比熱(C_{pf})	800 J·K^{-1}·kg^{-1}
		初期吸着量比(q/q_m)	0.05

ティングで定めて計算に用いた．これらを離散化して陽解法で解く．
　サンプルプログラム（付録 A6.1）を用いた吸着発熱時の過程における解の例を示す（図 4.5）．諸条件は表 4.5 に示す．
　湿潤空気の導入によって，最初の 1000 秒で 110 ℃程度まで温度が上昇したのちは，6000 秒に至るまで 100 ℃以上の出口空気を得られることがわかる．この空気を熱交換し，温水を得て利用することとなる．

例題 4.2　この蓄熱システムでどのような仕組みがあれば，出口温度を一定に保つことが可能だろうか．　　◁

（解）　たとえば達成したい温度を T_{out} とし，次の計測ステップ Δt 後に ΔT だけずれていたとすれば，それに比例する分だけ入口湿度を下げればよい（P 制御）．入口湿度は，たとえば水分噴霧流量の調整によって変えることができる．

例題 4.3　固定床では偏流によって，蓄熱材と空気の接触が不均一になり，効率的な蓄熱ができないことがある．そこで，気流と蓄熱材との接触を均一に行うことを目的に，この蓄熱システムを流動層で行ったとする．
　（1）どのようなメリット，デメリットがあるだろうか．
　（2）CSTR として立式し，表 4.6 の条件下で出口空気の温度変化を求めてみよ．　　◁

表 4.6　CSTR 蓄熱槽の操作条件

パラメーター	値	パラメーター	値
入口温度 (T_0)	55.0 ℃	空隙率 (ε)	0.7
圧力 (P)	101 325 Pa	粒子密度 (ρ_p)	900 kg·m^{-3}
初期濃度 (C_0)	4.0 mol·m^{-3}	粒子比熱 (C_{pp})	1000 J·K^{-1}·kg^{-1}
流量 (F)	1.0 m^3·s^{-1}	空気密度 (ρ_f)	1 kg·m^{-3}
吸着塔体積 (V)	1.0 m^3	空気比熱 (C_{pf})	800 J·K^{-1}·kg^{-1}

（解）
（1）【メリット】
　① 流動層では粒子とガスとの接触を均一に行うことができる．
　② 流動化開始速度を超えても，圧力損失はほとんど変わらないので，流速を高くして大量のガスを処理することができる（6 章参照）．
　【デメリット】
　① 流動層では粉化の問題があるため，サイクロンやフィルターなどの付帯設備が必要となる．輸送を考えると，設備が煩雑化することは避けられない．
　② 導入空気は流動化最小流速を超える必要があり，層高，粒子径などを考

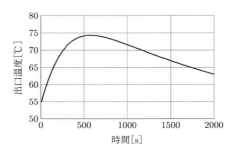

図 4.6 流動層蓄熱槽における出口空気温度の変化

慮して圧損が動力の限界を超えないようにする必要がある.

③ 流動層内の空隙率は固定床の場合に比べると大きくなるため，吸着熱を十分に空気に与えるためには滞留時間を長くする必要がある．そのため，装置は固定床に比べると大きくなる.

(2) ヒートバランスと物質バランスの式は次式で与えられる.

$$\frac{\partial C}{\partial t}=\left(\frac{1}{\varepsilon}\right)\left\{\frac{F}{V}(C_{in}-C)-(1-\varepsilon)\rho_s\gamma(C)\right\} \tag{4.5}$$

$$\frac{\partial T}{\partial t}=\left\{\frac{1}{\varepsilon\rho_fC_{pf}+(1-\varepsilon)\rho_sC_{ps}}\right\}\left\{\frac{F}{V}\rho_fC_{pf}(T_{in}-T)+(1-\varepsilon)\rho_s\gamma(C)\Delta H\right\} \tag{4.6}$$

$$\gamma(C)=k\{q_{eq}(C,T)-q\} \tag{4.7}$$

$$q_{eq}(C,T)=0.3\times\frac{1-\exp\{(-p/p_0)\times5\}}{1-\exp(-5)} \tag{4.8}$$

$$p_0(T)=10^{\alpha} \tag{4.9}$$

$$\alpha=\left(8.027\,54-\frac{1705.616}{T-273.15+231.405}\right)\frac{101\,325}{760} \tag{4.10}$$

これらをもとにサンプルプログラム（付録 A6.2）を用いて計算を行った結果を図4.6に示す．なお，この計算では 13X とよばれるゼオライトを想定したため，吸着式は式(4.8)〜(4.10)を用いた.

5 移動過程：有機光半導体の電荷移動モデル

　有機光半導体(organic photo conductor：OPC)はコピー機の感光体をはじめとして，有機 EL，有機太陽電池などの光電変換デバイスに広く使用されている．塗布技術で積層することができるため，低コストのデバイス製造が可能となっている．本章ではコピー機の感光体中を事例として取り上げ，光照射による電荷の生成とその移動過程をモデリングする．

5.1　コピー機感光体中の電荷生成と移動過程

　半導体にそのバンドギャップよりも高エネルギー(高振動数)の光を照射すると，光を吸収してホールと電子が生成され，励起子を生成する．外部から電場が印加されていると，光照射時にはホールは負側に，電子は正側に移動する．

　ゼロックス社の Chen らはこの過程を数理モデルにして解析し，コピー機の基礎をつくった．コピー機内は模式的に，図 5.1 のような構造になっている[1]．コピーの原理は次に示すようなものである．

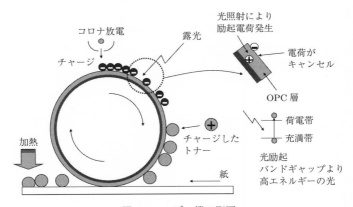

図 **5.1**　コピー機の概要

（ⅰ）OPC 層の表面に，コロナ放電などで電荷が形成される．この電荷によって，OPC の膜厚方向に電界が形成される．

（ⅱ）光照射によって OPC 層内部に生成した電荷が，電界によって表面に移動し，表面電荷を打ち消す．元の画像に従って，光照射強度をオン・オフさせると電荷の分布が形成される．これを潜像という．

（ⅲ）摩擦などであらかじめ帯電させたトナーを OPC 層表面に振りかけることにより，電荷が残っている部分にトナーが付着する．

（ⅳ）このトナーを紙に転写し，熱をかけて固着するとコピーが完了する．

（ⅴ）コピー後の OPC 層表面に残ったトナーは，ブラシなどでクリーニングされて，再び次の過程に移る．

　（ⅱ）の過程における荷電粒子の電荷バランスについては，物質収支のバランス式としてモデル化できる．

5.2　モ デ ル 化

　荷電粒子（キャリア）の生成速度は，外部からの光照射強度と光の吸収効率，荷電粒子の生成効率すなわち量子効率によって記述される．キャリア生成に寄与する光の強度は膜による吸収を考慮する必要があるので，層の厚さ方向の距離に依存する Lambert-Beer（ランベルト・ベール）の式の形として与えられる．これを，電荷バランスとキャリア（電子とホール）のマスバランスをもとに立式すると下記のようになる．

　まず，キャリアのマスバランスは，以下のように考える．ある場所 x で，ある時刻 t における電荷密度 $\rho_\pm$（プラスがホール，マイナスが電子）の時間変化は，光によるキャリア生成速度 G と電界によるキャリア移動のバランスで記述され，

$$\frac{\partial \rho_\pm(x, t)}{\partial t} = \pm G(x, t) - \frac{\partial J_\pm(x, t)}{\partial x} \tag{5.1}$$

となる．$G(x, t)$ は光照射によるキャリア生成速度である．電子とホールが同数個生成するので，それぞれ同じ関数になる．そして，これは与えた光の強度 $F(t)$ にキャリア生成効率 φ をかけたものになり，式（5.2）で表される．

$$G(x, t) = F(t)\varphi \tag{5.2}$$

　$J_\pm(x, t)$ はキャリアの移動フラックスで，それぞれ次式によって表される．

$$J_+(x,t)=\mu\rho_+(x,t)E(x,t) \tag{5.3a}$$
$$J_-(x,t)=-\beta\mu\rho_-(x,t)E(x,t) \tag{5.3b}$$

ここに，μ はホールの移動度，β は電子の移動度とホールの移動度の比である．電荷バランスとしては，この系は開回路となるので，電流は流れず全電流＝0 となるため，式(5.4)で表現する．

$$\varepsilon\frac{\partial E}{\partial t}+J_+(x,t)+J_-(x,t)=0 \tag{5.4}$$

　以上の式を与えられた境界条件のもとで解けば，未知数 $\rho_+(x,t)$, $\rho_-(x,t)$, $E(x,t)$ を求めることができる．

　ところで，光が照射されて生成した電子とホールは，Coulomb（クーロン）相互作用によって Bohr（ボーア）半径内で励起子として安定化している．しかし，放置すれば再び結合して電荷が消失する．これに電界をかけると，エネルギー障壁が低下し熱揺動で外に飛び出すことができるようになる（図 5.2）．この現象は Onsager によって解析され，Braun によってより詳細に理論構築が行われた[1]．キャリア生成についてはその理論に基づいて光の強度 $F(t)$，キャリア生成の量子効率 η および電場 $E(x,t)$ を用いて，次の式(5.5)で表される．

　Coulomb 力で安定化している二つのキャリア間に電界 E がはたらく場合のポテンシャルエネルギー ϕ は，キャリア間の距離 r の関数として，式(5.5)で与え

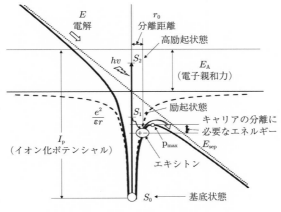

図 **5.2** キャリア周囲のエネルギー

られる.

$$\phi = -eEr - \frac{e^2}{\varepsilon r} \tag{5.5}$$

ここに，e はキャリアの電荷，r がキャリア間の距離，ε が誘電率である．左辺
第1項が電荷によるポテンシャルの変化，第2項が通常の Coulomb ポテンシャ
ルである．このポテンシャルのもとで，分離距離 r_0 で安定しているエキシトン
が Brown 運動によって点 p_{max} を越える確率 φ は，Onsager[2][3] によって与えら
れた．これを計算しやすいように Mozumder[4] が変形して式(5.6)を導いた（導出
の概略は付録 A7[5]）.

$$\varphi = 1 - (2\zeta)^{-1} \sum_{j=0}^{\infty} A_j(\eta) A_j(2\zeta) \tag{5.6}$$

ここに，

$$A_j(\eta) = 1 - \exp(-\eta)\left(1 + \eta + \frac{\eta^2}{2!} + \cdots + \frac{\eta^m}{m!}\right)$$

$$A_0(\eta) = 1 - \exp(-\eta)$$

$$A_{j+1}(\eta) = A_j(\eta) - \exp(-\eta)\frac{\eta^{j+1}}{(j+1)!}$$

である.

　また，キャリアはホッピング伝導するので，その移動速度 μ は次式で与えら
れる．

$$\mu = \mu_0 \exp\left(-\frac{E_t - \beta\sqrt{E}}{kT}\right)$$

$$\beta = \left(\frac{e^3}{\pi\varepsilon\varepsilon_0}\right)^{1/2}$$

β は Pool-Frenkel（プール・フレンケル）係数である．E_t はホッピング伝導に
おいて，キャリアがトラップされる際のエネルギー障壁である．電界をかける
と，このエネルギー障壁を越えやすくなる形であることがわかる．

　光照射はステップ的に行われるとし，その強度を $F_0(t)$ として，吸光係数を α
とすると，表面からの深さ x における光照射強度 $F(t)$ は次式で与えられる．

$$F(t) = F_0(t)\exp(-\alpha x) \tag{5.7}$$

上式を無次元化する．ここに L は層厚みである．

$$\bar{x} = \frac{x}{L} \tag{5.8a}$$

$$\overline{\rho_\pm} = \frac{\rho_\pm}{\left(\dfrac{\varepsilon E_0}{L}\right)} \tag{5.8b}$$

$$\bar{t} = \frac{t\mu_0}{L} \tag{5.8c}$$

$$\bar{E} = \frac{E}{E_0} = \frac{E}{\left(\dfrac{V_0}{L}\right)} \tag{5.8d}$$

$$\bar{G}(\bar{x}, \bar{t}) = \frac{G(x, t)}{\left(\dfrac{\varepsilon E_0}{L}\right)} \tag{5.8e}$$

無次元化した式を以下に示す.

$$\frac{\partial \bar{\rho}_\pm(\bar{x}, \bar{t})}{\partial \bar{t}} = \pm \bar{G}(\bar{x}, \bar{t}) - \frac{\partial \overline{J_\pm}(\bar{x}, \bar{t})}{\partial \bar{x}} \tag{5.9a}$$

$$\frac{\partial \bar{E}}{\partial \bar{t}} = -\overline{J_+}(\bar{x}, \bar{t}) - \overline{J_-}(\bar{x}, \bar{t}) \tag{5.9b}$$

$$\overline{J_+}(\bar{x}, \bar{t}) = \bar{\mu}\bar{\rho}_+(\bar{x}, \bar{t})\bar{E}(\bar{x}, \bar{t}) \tag{5.9c}$$

$$\overline{J_-}(\bar{x}, \bar{t}) = -\beta\bar{\mu}\bar{\rho}_-(\bar{x}, \bar{t})\bar{E}(\bar{x}, \bar{t}) \tag{5.9d}$$

キャリアの移動により,表面の電位は徐々に低下するが0にはならない.これを残留電位という.これが十分に下がらないと,次のコピーサイクルにおいて,本来付着してはならない場所にトナーが付着することになる.また,表面電位の低下速度を高めることにより,コピーサイクルを早めることができる.

残留電位 $\bar{V}$ の時間変化は次式で計算する.

$$\bar{V}(\bar{t}) = \int_0^1 \bar{E}(\bar{x}, \bar{t})\mathrm{d}\bar{x} \tag{5.10}$$

初期条件は,

$$\bar{E}(\bar{x}, 0) = 1, \qquad \bar{\rho}_\pm(\bar{x}, 0) = \pm g(x) \tag{5.11}$$

ここで $g(x)$ は初期の電荷分布であるが,最初は,

$$g(x) = 0 \tag{5.12}$$

としておく.境界条件は,

$$\bar{\rho}_+(0, \bar{t}) = 0, \qquad \bar{\rho}_-(1, \bar{t}) = 0 \tag{5.13}$$

と与える.

例題 5.1　図 5.3 に示すような，OPC 層を有するデバイスにおける，残留電位に
対する光照射強度および初期電圧の依存性を調べよ．ただし，膜厚は 20 μm と
する．
[前提]

(1) 光は一様に吸収され，厚みの影響を受けない．すなわち，式 (5.4) の
$F(t)=F$ と一定とする．
(2) その他のパラメーターは表 5.1 で与える．
(3) ホッピングのエネルギー障壁は 0.6 eV とする．　　　　　　　　　　◁

（**解答例**）　サンプルプログラム（付録 A8）を用いて残留電位に対する光照射強度

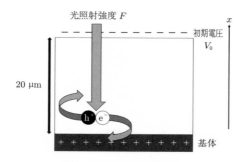

図 **5.3**　OPC 層の模式図

表 **5.1**　計算に用いるパラメーター値

パラメーター	値
キャリア移動度（電界 0）(μ_0)	$10^{-10}\ \mathrm{m^2 \cdot V^{-1} \cdot s^{-1}}$
有機物誘電率(ε)	$2.66 \times 10^{-11}\ \mathrm{C^2 \cdot J^{-1} \cdot m^{-1}}$
真空の誘電率(ε_0)	$1.854 \times 10^{-10}\ \mathrm{C^2 \cdot J^{-1} \cdot m^{-1}}$
初期電位（パラメーター）(V_0)	$100 \sim 1500\ \mathrm{V}$
光照射強度（パラメーター）(F_0)	$100 \sim 50\,000$
電子の電荷(e)	$1.602 \times 10^{-19}\ \mathrm{C}$
温度(T)	$300\ \mathrm{K}$
層厚み(L)	$2.0 \times 10^{-15}\ \mathrm{m}$
励起子の Bohr 半径(r_0)	$3.0 \times 10^{-9}\ \mathrm{m}$

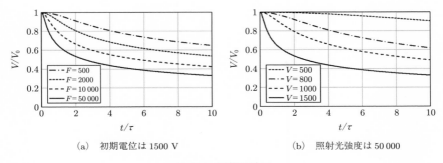

(a)　初期電位は 1500 V　　　　　　　(b)　照射光強度は 50 000

図 **5.4**　電位の低下

と初期電圧の依存性について半定量的に計算したものを示す．以降，各パラメー
ター依存性の一部を示す．

　まず，光照射強度 F が大きくなるとキャリア生成数が増えるので，残留電位
は低下する方向となる(図 5.4(a))．また，光照射強度が同じ場合は，初期電位が
低ければ同様に残留電位はより低下する．中和すべき電荷の量に対して，光照射
で生成したキャリアが相対的に増えるからである(図 5.4(b))．

　この事例では残留電位が非常に高く，実用的には不十分である．この欠点を補
うために，現在では電荷を生成させる薄い層(電荷発生層：charge generation
layer, CGL)を電荷移動させる層(電荷輸送層：charge transport layer, CTL)の下
に形成させて機能を分離し，残留電位を低下させ，効率を向上させる工夫がなさ
れている．また，この CGL，CTL の両者は数十 nm の顔料がマトリックスとい
われるポリマーに分散されたものであるが，均一性を保つために分散剤などと混
ぜて塗工されることが多い．それらの分散構造などが，キャリア生成の量子効
率，光吸収係数やホッピング伝導などの諸物性に影響するので，材料の組合せを
考慮した材料の設計・選択と製造プロセスの最適化が行われる．その他，使用時
の摩耗耐性を確保するために，表面に硬度の高い層を設けることも行われてい
る．

6 粉粒体プロセス

寺田寅彦は「粉体物質の堆積は，ガスでも，液でも，弾性体でもない別種のものであって，これに対して「粉体力学」があるはずである.」と表現した[1]. 一見簡単にみえる粉粒体の集団挙動を物理の法則で表すことが非常に難しかったためである. 粉体は静止状態では固体のようにみえる. また，一旦流動すると流体的性質を示すが，これを流体力学の構成方程式で表現することができない. さらに，さまざまなパターン形成があり，たとえば砂浜や砂丘で見られる風紋や，流動層におけるバブル形成など興味深い現象も散見される. パターンの異なる現象間の遷移などもみられるが，これらの現象は現代に至るまで理論的に完全に予測することはできていない.

しかしながら，粉体操作は化学，医薬，化粧品など多くの産業における材料プロセスでは重要な位置付けにある. 関係するプロセスとしては粉体の生成，それらの後処理としての分離精製，焼成，分級，造粒があり，さらにはそれらと溶媒，分散剤，ポリマー，ゲルなどとの複合化やこれら複合材の成型，スラリーのコーティング操作などがある. これらの過程で粉粒体の存在形態，すなわち大きさやその分布および凝集の構造を評価解析する必要がある. また粉粒体は，その表面の属性によりハンドリング過程や複合体での存在形態などに影響が及ぶため，それらの評価解析手法も重要である. さらにサイズが数十 nm 以下になると微粒子の特性が大きく変わることがあり，多くの応用事例がある. 多孔質の粉粒体は触媒や吸着材として古くから活用されているが，これらの性質を知ることも重要なことである.

このように粉粒体関連製品は，その複雑さのため現状では製造現場でのノウハウの積上げなしに製造することが難しい. さらに新製品の開発においては，他の製品で積み上げられた製造ノウハウが適用できないことも多く，そのプロセス開発には労力がかかる. また製品の品質管理においても，微量の不純物やわずかな環境の違いあるいはハンドリングの履歴などが影響するケースが多くあるため，これらの課題についても設計を行うことが必要である. 本章では，機能材開発でとくに頻出するプロセスに関して事例を示し，課題解決の実際について考察することとする.

6.1 粉粒体の運動

6.1.1 流体抵抗

粒子が流体中を運動するとき，その挙動は次の運動方程式で与えられる．

$$\frac{\pi}{6}\rho_p d_p^3 \frac{\partial v}{\partial t} = \frac{1}{2}\pi d_p^2 C_D \rho_f (u-v)^2 + F \tag{6.1}$$

ここに，d_p は粒子径，v は粒子の速度，u が流れの速度，F は外力項，C_D は抵抗係数である．

C_D は，粒子径基準の Reynolds 数 Re_p に対して次のような依存性がある[2][3]（図 6.1）．

$$C_D = \frac{24}{Re_p} \qquad \text{(Stokes域：$Re_p < 2$)} \tag{6.2a}$$

$$C_D = \frac{10}{\sqrt{Re_p}} \qquad \text{(Allen（アレン）域：$2 < Re_p < 500$)} \tag{6.2b}$$

$$C_D = 0.44 \qquad \text{(Newton（ニュートン）域：$500 < Re_p < 3\times10^5$)} \tag{6.2c}$$

$Re_p < 1000$ では次の Odar（オダー）の式を用いると，計算を行うには便利である．

$$C_D = \frac{24}{Re_p}(1 + 0.125 Re_p^{0.72}) \tag{6.3}$$

円管内の流れにおいては，層流から乱流への転移 Reynolds 数は 2300 といわれているが，概ねそれを境に抵抗係数が変化していることがわかる．

なお，Reynolds 数が 3×10^5 を超えると，抵抗係数が急激に下がる．これは粒子後方での流れの剥離がなくなるためである．それ以上になると，また抵抗係数が増加する．粒子の周りの摩擦損失が，流速に従って増えるからである．粒子は周りの流れに影響されるので，装置内部の流れ場をよく知ることが大切である．

1 個の球形粒子が運動する様子を数値解析することは容易である．まず流れ場を解いて，その中に粒子を投入して流体へのエネルギー交換を無視して運動方程式を解けばよい．一方，粒子群の挙動を粒子どうしの衝突や相互作用を加味して解析する手法として，離散要素法[4]や SNAP（structure of nano particles）[3]がある．これらによって粉体機器内の粒子群の動きやコロイド粒子のせん断場における分散挙動，コロイド膜乾燥時の構造形成などが定性的にわかる．

例題 6.1 密度 $\rho_p = 1\times10^3\,\mathrm{kg\cdot m^{-3}}$，直径 $d_p = 100\,\mu\mathrm{m}$ の固体粒子が常温で空気中

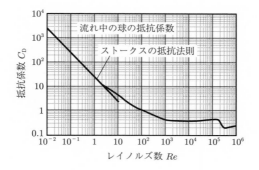

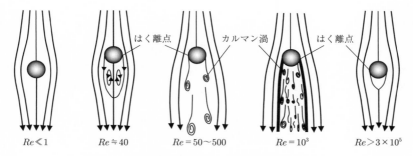

図 6.1 Reynolds 数と抵抗係数 C_D の関係および粒子周囲の流れ
山口由岐夫：ものづくりの化学工学，丸善出版 (2015)，p. 40.

を落下した際の終末沈降速度 u_t を求め，この条件では Stokes 域で抵抗係数を見積もれることを示せ．空気粘度を $\eta \approx 1.8 \times 10^{-5}$ Pa·s，密度を $\rho_f = 1.2$ kg·m^{-3} とする． ◁

（**解**）　粒子の気流中での運動方程式は，

$$m\frac{\mathrm{d}u}{\mathrm{d}t} = C_D \frac{\pi}{4} d_p^2 \frac{\rho_f u^2}{2} - \frac{\pi}{6}(\rho_p - \rho_f)d_p^3 g \tag{6.4}$$

定常状態では，

$$C_D \rho_f u_t^2 = \frac{4}{3}(\rho_p - \rho_f)d_p g \tag{6.5}$$

Stokes 域であるとすれば，$C_D = \dfrac{24}{Re_p}$ なので，

$$u_t = \frac{(\rho_p - \rho_f)d_p^2 g}{18\eta} \tag{6.6}$$

となる．$d_p = 100\ \mu m$ なので，

$$u_t = \frac{(\rho_p - \rho_f)d_p^2 g}{18\eta} \approx 0.3\ m \cdot s^{-1}$$

再度 Re_p を評価すると，

$$Re_p = \frac{\rho_f d_p u}{\eta} \approx 2$$

となり，ちょうど Stokes 域ぎりぎりであることがわかる．

6.1.2 微粒子の挙動

　機能性材料においては，$1\ \mu m$ より小さい粒子をポリマーなどと混合させて用いるケースが非常に多い．この $1\ \mu m$ というサイズは重力と Brown 運動の影響の境目であって，これは気体中でも液体中でもおおよそ同じと考えてかまわない．

例題 6.2　水中と空気中に密度 $2000\ kg \cdot m^{-3}$ の微粒子が容積割合 1% で浮遊していると考える．Brown 凝集の頻度は粒子間の平均距離に比例する．これを代表長さとして Brown 拡散係数と終末沈降速度の比である Péclet 数を評価し，Brown 運動の影響が $1\ \mu m$ あたりで現れることを示せ．　　　　　　　◁

（解）　Brown 拡散係数は，

$$D = \frac{kT}{3\pi\eta d_p}$$

　粒子の終末沈降速度 u_t は，$100\ \mu m$ 以下の粒子であれば気相中でも Stokes 域となるので，

$$u_t = \frac{(\rho_p - \rho_f)d_p^2 g}{18\eta}$$

となる．

　Pe の代表長さとしては，凝集現象を支配する長さとして粒子間距離を選ぶ．

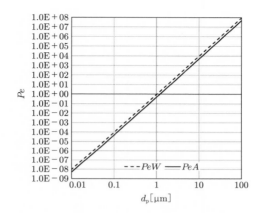

図 **6.2**　粒子径 d_p と Péclet 数 Pe との関係

立方体中に 1 個の粒子が配置すると仮定すれば，最も近い粒子の中心間距離は
1 vol% ではおおよそ 3.74 d_p となるので，これを代表長さ L とする．
　よって，

$$Pe = \frac{u_t \times L}{D} = \frac{3.74\pi\{(\rho_p - \rho_f)d_p^3 g\}}{6kT}$$

となる．粘性係数 η が相殺していることから，空気と水の中での挙動は粒子と流
体の密度差だけに依存する．よって，両者で Brown 運動の影響が表れ始める粒
子径がほぼ同じになる理由がここにあることがわかる．
　Pe 数を 20 ℃の水（PeW）と空気中（PeA）で評価すると，図 6.2 に示すように
1 μm あたりでほぼ 1 になり，これを境に Brown 凝集の影響が急速に表れ始める
といえる．

6.2　粉 体 の 生 成

　粉体の生成法としてはトップダウンとビルドアップがある．トップダウンは鉱
物などを扱いやすい大きさに粉砕する方法であり，ビルドアップは晶析や気相反
応などによる成長方法である．

6.2.1　トップダウン

　粉砕装置については岩石の粉砕などで用いられるジョーククラッシャーやピンミル，乾式あるいは湿式のボールミルなどがある[2]．近年とくに，微粒子の生成のためによく使用されるビーズミルとジェットミルに関して述べる．

a.　ビーズミル

　ビーズミルは粉砕媒体としてジルコニアなどのビーズを用いて液相で粉砕する装置であり，ボールミルの一種である（図 6.3）．近年では 100 nm 前後にまで粉砕が可能であることがわかっている．

　ビーズの径が小さくなればなるほど，粉砕の限界粒子径は小さくなることが知られている．この際には，適切な分散剤も同時に必要なことが多い．これは，一旦粉砕された微粒子が再び溶媒中で再凝集しないように，分散安定化させるためである．

　粉砕の主たる機構は，ビーズ間の相対速度差に起因するスラリー流体にはたらくせん断応力である．したがって，ビーズの粒子径が小さくなれば平均の粒子間隙は小さくなり，かつ狭小な間隙の数が増えることによって，単位時間あたりに実効的にせん断を受けるスラリーの体積割合が増加する．課題はビーズが徐々に摩耗して，その成分がスラリー中に混入することである．

例題 6.3　それぞれ直径が 2 mm および 1 mm のジルコニアビーズを用意し分散の実験を行った．ビーズは回転羽根を有する容器中（図 6.3）で運動しているとする．この実験では 2 mm のビーズにおいて 2 μm が粉砕限界であった．1 mm の

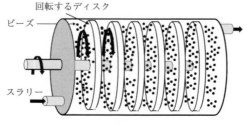

図 6.3　ビーズミルの模式図

ビーズではどの程度まで粉砕できると期待できるか. ◁

(**解**) 2 mm のビーズ間にはたらく流体によるせん断応力が 1 mm の場合は,
ちょうどその倍になると考える. なぜならビーズ間の平均距離はビーズ径に比例
し, またビーズは回転羽根により強制的に動かされているので, 同じ回転数であ
ればビーズの平均速度は同じ, と考えられるからである. したがって, 粒子の限
界破壊力が粒子サイズによって変わらないとすれば, 粒子に局所的にはたらく応
力を見積もればよいことになる. 非常に簡単には粒子の限界粒子径が半分になる
と考えてよい. すなわち 1 μm まで粉砕可能なことが期待できる.

b. ジェットミル

乾式の粉砕機で近年需要が高くなっている. ビーズミルに比べると粉砕の限界
粒子径は大きく 1 μm 程度であるが, 分散媒体を必要としないことや不純物混入
の問題がない特徴がある. 原理としては, 対抗するジェット気流に粒子を同伴さ
せて粒子どうしの衝突(大粒子の場合), あるいは粒子間のせん断(小粒子の場合)
により粉砕をするというものである. 図 6.4 にその機構の概略を示すように, 粉
砕後の気流は分級機構によって条件を満たす微粒子だけが取り出されて, 残りは
ジェット気流中に戻される. これにより効率的な粉砕が可能となる.

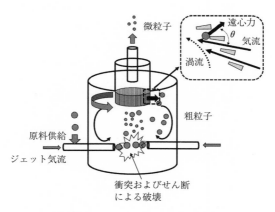

図 **6.4** ジェットミルの模式図

例題 6.4　分級機構は気流の回転による遠心力を利用するものである．外部に排出される微粒子の最大サイズ（分級点）の概略を算出したい．図 6.4 に示す装置の場合，表 6.1 に示す運転条件の諸元が与えられたとき分級点はどの程度になるだろうか．　　　　　　　　　　　　　　　　　　　　　　　　　　　　◁

表 6.1　ジェットミル運転条件

物性および操作パラメーター	値
粒子密度(ρ_p)	$2\times10^3\,\mathrm{kg\cdot m^{-3}}$
粒子径(d_p)	$1\sim20\times10^{-6}\,\mathrm{m}$
空気密度(ρ_f)	$1.2\,\mathrm{kg\cdot m^{-3}}$
空気粘度(μ)	$1.8\times10^{-5}\,\mathrm{Pa\cdot s}$
ローター半径(R)	$0.1\,\mathrm{m}$
渦流実効回転数(ω)	$100\,\mathrm{rps}$
気流流速(u_t)	$100\,\mathrm{m\cdot s^{-1}}$
気流回転軸方向成分(u_fr)	$10\,\mathrm{m\cdot s^{-1}}$

（**解**）　粒子にはたらく遠心力と慣性力のバランスを考えると，強制渦を生成する分級機内の流れ場について，ある r の範囲では，近似的に $u_\theta=R\omega$ 一定とすれば，粒子の r 方向への運動方程式は，

$$m\frac{\mathrm{d}u_\mathrm{p}}{\mathrm{d}t}=C_\mathrm{D}\frac{\pi}{4}d_\mathrm{p}^2\frac{\rho_\mathrm{f}(u_\mathrm{fr}-u_\mathrm{p})^2}{2}-\frac{\pi}{6}(\rho_\mathrm{p}-\rho_\mathrm{f})d_\mathrm{p}^3R\omega^2 \tag{6.7}$$

となる．分級点は $u_\mathrm{p}=0$ となる粒子径で与えられる．ここで，ω は角速度である．

粉砕限界点が 5 µm として粒子 Reynolds 数を見積もると約 3 程度となるので，C_D としては Stokes 域から若干外れ，Allen 域に入る．

$$C_\mathrm{D}=\frac{10}{\sqrt{Re_\mathrm{p}}}$$

上記の運動方程式(6.7)を表 6.1 の条件下で計算すると，分級点は 5.8 µm となることがわかる．

6.2.2　ビルドアップ（反応晶析）

化学プロセスにおいては，液相ないし気相の均一系で反応を進めて固体生成物を製造する晶析は非常に多い．反応系はいくつかの素反応で構成された形になっ

ていることがほとんどであり，反応が進むにつれ生成物の系内での濃度が上がると，臨界点を超えて核が生成する．これが反応に伴って起こる核生成である．以下，古典的核生成モデルについて説明する．核が生成する際には，その粒子の曲率に応じて過剰の表面エネルギーが必要となる．半径 r の核が 1 個生成するときの Gibbs（ギブズ）の自由エネルギー変化 ΔG は，

$$\Delta G = -\frac{4\pi r^3}{3}\Delta\mu + 4\pi r^2\sigma \tag{6.8}$$

と表される．$\Delta\mu$ は溶解状態と固相の単位体積あたりの自由エネルギー変化，σ は表面エネルギーである．この式は臨界核の粒子径 r^* において極大値（不安定平衡点）をもつことがわかる．

$$\frac{\partial\Delta G}{\partial r} = -4\pi r^2\Delta\mu + 8\pi r\sigma = 0 \tag{6.9}$$

$$r^* = \frac{\sigma}{\Delta\mu} \tag{6.10}$$

$$\Delta\mu = \frac{RT\rho_{\mathrm{p}}\ln S}{M_{\mathrm{p}}} = \frac{RT\rho_{\mathrm{p}}}{M_{\mathrm{p}}}\ln\frac{C}{C^*} \tag{6.11}$$

すなわち，ある核の大きさ＝臨界核半径 r^*，過飽和度 $S = C/C^*$ を超えると系のエネルギーは減少し安定化する方向すなわち粒子径が大きくなる方向に進むことがわかる（図 6.5）．一方，これを超えないと結局再度溶解する方向に系が安定化しようとする．つまり，この臨界点を超えないと，核はそれ以上成長できず，いくつかの分子で構成されたクラスターが，系内に分布をもって存在し，溶解・生成を繰り返すだけで成長することはない．以上を基礎として，反応晶析の過程をもう少し詳細に考察する．

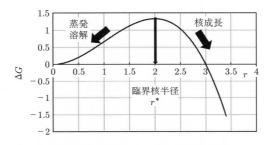

図 6.5　核生成における粒子径と Gibbs の自由エネルギーの関係

　まず，溶媒中に溶けた物質 A と B から C が生成し，これから核発生，成長する過程を想定する．A，B から C が生成する反応は，A と B それぞれの一次に比例すると考える．また，C は溶存濃度に比例して析出すると考える．k は A ＋ B → C の反応における反応速度定数，D_A，D_B，D_C はそれぞれ物質 A，B，C の拡散係数である．

　反応の基礎式は，拡散項を含めれば次式のように書ける．

$$\frac{\mathrm{d}C_A}{\mathrm{d}t} = D_A\left(\frac{\partial^2 C_A}{\partial x^2}\right) - kC_AC_B \tag{6.12a}$$

$$\frac{\mathrm{d}C_B}{\mathrm{d}t} = D_B\left(\frac{\partial^2 C_B}{\partial x^2}\right) - kC_AC_B \tag{6.12b}$$

$$\frac{\mathrm{d}C_C}{\mathrm{d}t} = D_C\left(\frac{\partial^2 C_C}{\partial x^2}\right) + kC_AC_B - W - Q \tag{6.12c}$$

完全混合の回分式撹拌槽を想定すれば拡散項は無視できるので，

$$\frac{\mathrm{d}C_A}{\mathrm{d}t} = -kC_AC_B \tag{6.13a}$$

$$\frac{\mathrm{d}C_B}{\mathrm{d}t} = -kC_AC_B \tag{6.13b}$$

$$\frac{\mathrm{d}C_C}{\mathrm{d}t} = kC_AC_B - W - Q \tag{6.13c}$$

粒子の生成項 W と Q については，単位体積あたりの個数基準の核生成速度は，

$$J = k_k(C_C - C_C^*)^k \tag{6.14}$$

粒子核成長線速度は，

$$Q = k_g(C_C - C_C^*)^g \tag{6.15}$$

と経験的に与えられている．C_C^* は飽和溶液の濃度である．ここに，k_k, k_g, k, g はそれぞれ実験的に求められる定数である．

$$W = \frac{\pi}{6}\rho J r^3 \tag{6.16}$$

$$Q = \sum_{i=0}^{\infty} \pi \rho N(t, r_i) Q r_i^3 \tag{6.17}$$

となる．$N(t, r)$ は，生成した径 r の粒子の時刻 t におけるサイズ分布を示す．

　計算においては，C の濃度が臨界核発生の濃度に至るまで反応が進行し，その後，核発生速度，核成長速度とのバランスで液相中の C の濃度が変化する．核発生に至るまでの間，粒子の生成はみられないが，液相中では反応が進行している．定性的には，一旦核発生が起きると概ね核成長が支配的になる．なぜなら

ば，Cの液相濃度は核発生に必要な濃度より低下するからである．

　成長の過程は次のポピュレーションバランス式で表すことができる．すなわち，
（ⅰ）径$r-dr$の粒子が成長して径rの粒子になる速度は$N(t, r-dr)$に比例す
　　　る．すなわち時間dtの間に，$N(t, r)$は$QN(t, r-dr)dt$だけ増加する．
（ⅱ）径rの粒子が成長して径$r+dr$の粒子になる速度は$N(t, r)$に比例する．
　　　すなわち時間dtの間に，$N(t, r)$は$QN(t, r)dt$だけ減少する．
　　（ⅰ）と（ⅱ）の差が，時間dtの間での径rの個数$N(t, r)$の変化となるので，整
理すると式(6.18)が得られる．

$$\frac{\partial N(t, r)}{\partial t} = -Q\frac{\partial N(t, r)}{\partial r} \tag{6.18}$$

初期条件：$t=0$で，　　　$N=0$
境界条件：$r=r^*$で，　$N=J/Q$

以上，式(6.13)〜(6.18)を連立させて解くことになる．

例題 6.5　バッチ式反応槽での晶析を簡単に模擬するため，次の反応式を立てた．

$$A+B \longrightarrow C$$

Cは核発生臨界濃度に達すると核が発生し，以降成長モードに入るとする．Cの
反応速度はA，Bそれぞれの濃度に比例し，核発生後は生成粒子Dに転化する．
A，Bの初期濃度を$1\ \mathrm{mol \cdot m^{-3}}$，反応速度定数$k$は$10^{-4}\ \mathrm{m^3 \cdot s^{-1} \cdot mol^{-1}}$，核発生
臨界濃度は$0.05\ \mathrm{mol \cdot m^{-3}}$とする．
(1) 核発生と核成長の速度式を立式せよ．
(2) 核生成の臨界濃度に至るまでは粒子は生成しない．この間はインキュベー
　　ションタイム（時間）といわれるが，上記の条件では反応開始後何秒で臨界濃
　　度に達するか．
(3) 核発生後の反応挙動を調べよ．核成長の反応速度は粒子径の2/3乗に比例し
　　て大きくなるとする．（成長は表面反応であるため）成長初期の反応速度定数
　　kは$10^{-4}\ \mathrm{m^3 \cdot s^{-1} \cdot mol^{-1}}$とする．　　　　　　　　　　　　　　　◁

（**解**）
　(1) A, B, C, Dの濃度をそれぞれC_A, C_B, C_C, C_Dとする．kは反応速度定数，k_d
は核成長の速度定数である．

$$\frac{dC_A}{dt} = -kC_A C_B$$

$$\frac{\mathrm{d}C_\mathrm{B}}{\mathrm{d}t} = -kC_\mathrm{A}C_\mathrm{B}$$

$$\frac{\mathrm{d}C_\mathrm{C}}{\mathrm{d}t} = kC_\mathrm{A}C_\mathrm{B} - k_\mathrm{d}\left(\frac{C_\mathrm{D}}{C_\mathrm{D}(0)}\right)^{2/3}C_\mathrm{C}$$

$$\frac{\mathrm{d}C_\mathrm{D}}{\mathrm{d}t} = k_\mathrm{d}\left(\frac{C_\mathrm{D}}{C_\mathrm{D}(0)}\right)^{2/3}C_\mathrm{C}$$

$$k_\mathrm{d} \sim k$$

とする．k_d は核成長の速度定数である．ここでは仮に液相中での C の生成速度定数と同じであるとした.

（2）まず核生成前は C が次の反応に従って生成する.

$$\frac{\mathrm{d}C_\mathrm{A}}{\mathrm{d}t} = -kC_\mathrm{A}C_\mathrm{B}$$

$$\frac{\mathrm{d}C_\mathrm{B}}{\mathrm{d}t} = -kC_\mathrm{A}C_\mathrm{B}$$

$$\frac{\mathrm{d}C_\mathrm{C}}{\mathrm{d}t} = kC_\mathrm{A}C_\mathrm{B}$$

反応率を x として立式し，$x = 0.05$ となる時刻を求めればよい.

$$\frac{\mathrm{d}(1-x)}{\mathrm{d}t} = -k(1-x)(1-x)$$

であるから，

$$x(t) = 1 - \frac{1}{kt+1} = 0.05$$

$$k = 10^{-4}$$

であるので，

$$t \approx 526\,\mathrm{s}$$

（3）まず基礎式を無次元化する.

$$\tilde{t} = kt, \quad \widetilde{C}_i = \frac{C_i}{C_\mathrm{A0}} \qquad (i = A, B, C, D)$$

$$k_\mathrm{d} = k$$

とする.

$$\frac{\mathrm{d}\widetilde{C}_\mathrm{A}}{\mathrm{d}\tilde{t}} = -\widetilde{C}_\mathrm{A}\widetilde{C}_\mathrm{B}$$

$$\frac{\mathrm{d}C_\mathrm{B}}{\mathrm{d}\tilde{t}} = -\widetilde{C}_\mathrm{A}\widetilde{C}_\mathrm{B}$$

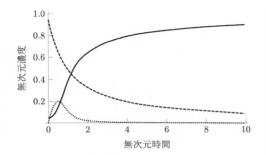

縦軸: 無次元濃度
横軸: 無次元時間

図 **6.6**　晶析反応の推移

$$\frac{\mathrm{d}\widetilde{C}_\mathrm{C}}{\mathrm{d}\tilde{t}} = \widetilde{C}_\mathrm{A}\widetilde{C}_\mathrm{B} - \left(\frac{\widetilde{C}_\mathrm{d}}{\widetilde{C}_\mathrm{d}(0)}\right)^{2/3}\widetilde{C}_\mathrm{C}$$

$$\frac{\mathrm{d}\widetilde{C}_\mathrm{d}}{\mathrm{d}\tilde{t}} = \left(\frac{\widetilde{C}_\mathrm{d}}{\widetilde{C}_\mathrm{d}(0)}\right)^{2/3}\widetilde{C}_\mathrm{C}$$

これらを数値的に解くと，図 6.6 のような結果が得られる．原料 A，B の推移を
みると，この反応系が反応率 90% に到達するには無次元時間で 10，すなわち実
時間で約 10^5 秒，すなわち約 28 時間かかることになる．このようにバッチ式の
晶析では一昼夜かかることは珍しくない．

例題 6.6　定常状態にある完全混合の連続反応槽におけるモデル式を考えよ．反
応は例題 6.5 と同様の A＋B→C を仮定する．ただし，槽の体積を V，流入する
液流量を F，入口の A，B の濃度をそれぞれ $C_\mathrm{A0}, C_\mathrm{B0}$ とし，C 成分は入口では
$C_\mathrm{C0}=0$ とする．　　　　　　　　　　　　　　　　　　　　　　　　　◁

（**解**）　定常状態においては，液相成分に関するマスバランスは次式となる．

$$-VkC_\mathrm{A}C_\mathrm{B}+F(C_\mathrm{A0}-C_\mathrm{A})=0 \qquad (6.19\mathrm{a})$$

$$-VkC_\mathrm{A}C_\mathrm{B}+F(C_\mathrm{B0}-C_\mathrm{B})=0 \qquad (6.19\mathrm{b})$$

$$C_\mathrm{A}C_\mathrm{B}-W-Q-FC_\mathrm{C}=0 \qquad (6.19\mathrm{c})$$

また定常状態近似で，すべての粒子についてのバランスは次式となる．

$$W+Q-F\sum_{i=0}^{\infty}\pi\rho N(r_i)r_i^3=0 \qquad (6.20)$$

核生成にはインキュベーションタイムがある．よって，あらかじめ種結晶を入
れて核成長のモードで晶析を行い，反応時間の短縮，安定な粒子生成を行うこと
が，常套手段として用いられている．

6.3 粉体ハンドリング

6.3.1 流 動 層

　流動層は化学プロセスでは常用されている．ガスと触媒粒子を接触させて反応を行わせる手法であり，固定床と比べ，ガス処理能力は高く，温度が均一化するので設計も行いやすい[2]．しかし，粒子の摩耗粉砕が起こり，時々刻々小粒子が発生し飛散するため，これの回収機構の導入と定期的なメンテナンス，触媒交換の手間が発生する．反応の過程では，微粒化および表面形状の変化のほかに，触媒活性の低下に伴うコーキングなどによって粒子の動的挙動は徐々に変化する．極端な場合は，ガスの流入口のほかはまったく流動しない状況に至ることも多い．こうした状況に至ってからガスの流入速度を高めても，流動層全体が効率的に流動することはなく，浮遊状態に至って粒子が排出されてしまう．流動層の動的挙動を予測することは難しく，粒子の流動性評価手法がいくつかあるが，必ずしも十分ではない．したがって，ベンチスケールの装置，あるいはパイロットプラントで検証することとなる．

　ガスの流速 u を上げて固定床状態から流動層状態に至る部分ではヒステリシスがみられる．Δl の厚みをもつ層の圧力損失 Δp は，固定床状態では Ergun（エルグン）の式

$$\frac{\Delta p}{\Delta l} = 150 \frac{1}{d_p{}^2} \frac{(1-\varepsilon)^2}{\varepsilon^3} \mu u + 1.75 \frac{1}{d_p} \frac{1-\varepsilon}{\varepsilon^3} \rho u^2 \tag{6.21}$$

に従って増加する．ここで，d_p は粒子径，ε は空隙率，μ はガス粘度，ρ はガス密度，u はガス流速である．ガス流速が流動化開始速度 u_{mf} に至ったのちには，一旦圧力損失は若干低下し，その後ほぼ一定状態を保つ（図6.7）．そして最後には飛散する．

　ガス流速が u_{mf} を超えたところで起こる圧力損失の低下傾向は負性抵抗であり，系としては不安定である．その後の流動状態ではバブルの発生が観測される．つまり，粒子層は粒子濃度が希薄な相と濃厚な相に分離しているが，それは系全体のエネルギー損失速度を最小化するための構造化である．

例題 6.7　流動層において流動化開始速度 u_{mf} を超えたのち，圧力損失は完全に飛散するまでの間はほとんど変わらない．流動層の内部ではどのような変化があ

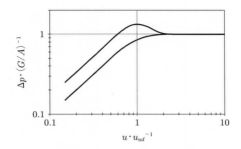

図 **6.7**　粉体層の圧力損失と空気流速

るだろうか.　　　　　　　　　　　　　　　　　　　　　　　　　　　　　◁

（**解**）　流動化が起こると，層高が徐々に増加して平均の空隙率が上がる．これにより，流速が変化しても圧力損失が変わらない．この際，下流から供給される気体は均一には流れずに，気泡を生成したり一部だけに流路が生成するチャンネリングが起きたりする．一種の相分離の様相を示す．これらの構造形成は粒子の性状と流動層の形状によって左右される．触媒反応系では，気体と粒子の接触を確保するためにはこの構造形成に留意する必要がある.

　流動層の圧力損失変動を測定すると高い変動分散を示すことがわかる[5]（図6.8〜6.10）．圧力損失の変動パワースペクトルをとると，エネルギー分布の構造がわかる．これらを見ると，いわゆるホワイトノイズで代表される過程でないことが伺える．こうした変動スペクトルの構造は，流体における乱流のエネルギースペクトル（Kolmogorov（コルモゴロフ）のエネルギースペクトル）に類似している．大きなエネルギー散逸を伴う開放系である化学装置に大流量の物質が流入される際に発生する構造化の一つといえる.

　粉体層に振動を与え振動エネルギーがある閾値を超えると，流動層と同様のバブルが発生する[6]．これからも層へのエネルギー注入による構造化が発生するといえ，ガス流入によるバブル発生はガスの導入が必然ではなくエネルギー注入が必然であると一般化できる.

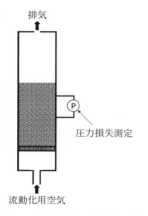

排気

圧力損失測定

流動化用空気

図 **6.8**　流動層の圧力損失測定
C.S. Daw, et al.：*Phys. Rev. Let.*, **75**,
2308(1995)

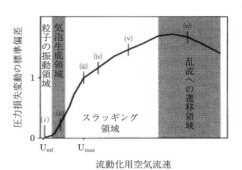

流動化用空気流速

図 **6.9**　圧力損失変動の標準偏差と流動化流
　　　速の関係
C.S. Daw, et al.：*Phys. Rev. Let.*, **75**, 2308(1995)

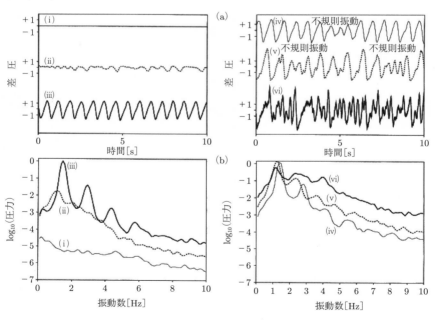

図 **6.10**　流動層圧力損失の変動成分パターン
C.S. Daw, et al.：*Phys. Rev. Let.*, **75**, 2308(1995)

6.3.2 粉体の貯槽, 排出

　粉体の貯槽にはサイロ, ビンが用いられ, これらはコーン上の排出孔を有しており, この部分だけをホッパーとよんで扱うこともある. 粉体層が重量などで一旦流動し始めると, そのパワーは非常に大きい. 静止状態と流動状態の差が大きいため, 大型の装置では排出操作を誤ると重大な事故につながる. 液体と異なるビン内の応力分布をみると, その原因がわかる. 図 6.11 に示すようなビンにおける粉体にかかる応力の基礎式が, 次の Janssen(ヤンセン)の式である(付録 A9.2 参照).

$$P = \frac{D\gamma}{4\mu_w k}\left\{1-\exp\left(-\frac{4\mu_w k}{D}H\right)\right\} + p_0 \exp\left(-\frac{4\mu_w k}{D}H\right) \tag{6.22}$$

p_0 は粉体層の上面にかかる圧力である. μ_w は粉体と壁面の摩擦係数である. γ は粉体層の嵩比重である. k は水平圧と垂直圧の比であり, 粉体層の内部摩擦角 ϕ を用いて次式のように表現される.

$$k = \frac{1-\sin\phi}{1+\sin\phi} \tag{6.23}$$

　$D=1\,\mathrm{m}$, $k=0.5$, $\mu_w=0.5$, $\gamma=1000\,\mathrm{kg\cdot m^{-3}}$ の場合, 図 6.12 のように, 粉体層の上面にかかる圧力とは無関係に底面の直応力は深さが増すにつれほぼ一定の $1000\,\mathrm{kg\cdot m^{-2}}$ になり, 増加しないことがわかる.

　図 6.13 のような, ホッパー内の粉体層にはたらく応力分布は, 次の式に従う(付録 A9 参照).

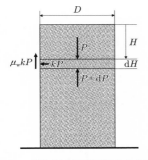

図 6.11　ビン内の粉体層にかかる応力

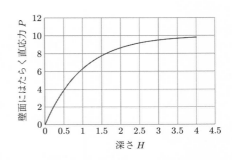

図 6.12　粉体層壁にかかる応力の深さ方向分布

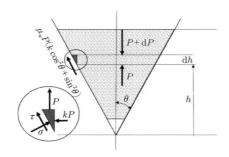

図 **6.13** ホッパー内の粉体層にはたらく応力

$$\frac{\mathrm{d}P}{\mathrm{d}y} - \frac{c}{y} \times P = -\gamma \tag{6.24a}$$

$$c = 2\mu_\mathrm{w} \cot\left(\frac{\theta}{2}\right)\left\{k\cos^2\left(\frac{\theta}{2}\right) + \sin^2\left(\frac{\theta}{2}\right)\right\} \tag{6.24b}$$

　一方, 下部から排出される瞬間には, 下端で受ける応力は上部に存在する粉体層の重量を底面の大きさで割った値となるから, 本事例で 4 m の高さのビンでは約 3140 kg·m⁻² がかかることになり, 3 倍以上の大きな応力を突然受けることになる. こうした大きな挙動変化がみられることも粉体プロセスの特徴である. わずかな微粒子の混合, 不純物や湿度などの変化に起因する粒子の付着性の違いがこの挙動変化に大きく左右することも珍しくない. たとえば, 多量の粉体をコンテナに入れて数ヵ月間かけて船で輸送した際にコンテナ内の粉体が固着しコンテナから排出困難になるというトラブルや, 製造現場で吸着した水分や吸気中の炭酸ガスなどが赤道を通過する際に放出してドラム缶の蓋が飛んでしまった, というようなトラブルが起きる.

　ところで, 上述した応力解析では粉体層内の応力は均質なものとして取り扱っているが, 実際にはきわめて不均質な構造をとっていることがわかっている. Miller(ミラー)らは, 応力がかかると圧電効果によって発光するポリマーをせん断試験装置内に充填し観察した結果, 応力分布が非常に不均一であることを見出した[7](図 6.14, 6.15). このような不均質性と粒子の性状を関連付けることが難しいので, 実際に扱う粉粒体で少しずつデータを取得して装置やプロセスの設計に当たる必要がある.

　その他, 現実のプロセスで問題となるのが偏析である. 粉粒体は粒子径, 密

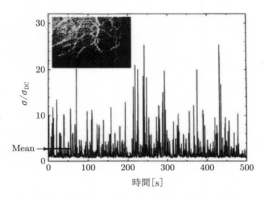

図 **6.14** 粉体層にせん断をかけた際の応答応力の変動
B. Miller, et al.：*Phys. Rev. Let.*, **77**, 3110（1996）

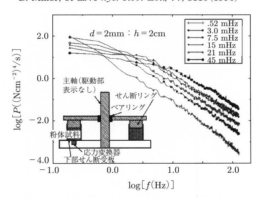

図 **6.15** せん断に対する応答応力のスペクトル：せん断速度依存性
B. Miller, et al.：*Phys. Rev. Let.*, **77**, 3110（1996）

度，形状に分布がある．たとえば粉粒体をコンテナなどで輸送すると表層に大粒
子が，低層に小粒子が分離するといった粒度偏析は非常によく起こる．そして，
2 種類（あるいは数種類）の粒子がある特性を満たすと，ただ充填しただけでスト
ライプ状に偏析することもある[8]．密度差や形状差でも偏析が起こる．このよう
な粉粒体は，混合し撹拌すればするほどかえって偏析するという悩ましい問題も
ある．バインダなどを用いて大粒子の周りに小粒子を付着させコーティングする
形で偏析を回避する方法は，その解決法の一例であるが，純度の維持が必要な用
途などでは使うことがない．偏析発生の有無をあらかじめ実験などで調べ，粒子

の設計および混合方法についてよく考察する必要がある.

6.4 微粒子の複合プロセス

　機能性材料とよばれる一群の中で，微粒子を多量に含む複合材は非常に多い．たとえば，高分子は加工性に優れ，環境劣化が少なくかつ軽量で扱いやすい特徴をもつが，強度や導電性などを付与するためには微粒子などを複合した材料が設計されることが多い．このような複合材料の設計と製造には特有の方法論が必要である．その中で，まずパーコレーションとフラクタルについて述べる．

6.4.1 パーコレーション

　銀やカーボンブラック(オイルの不完全燃焼で得られる工業的な煤)などの導電性の微粒子が分散した高分子を考える．図 6.16 はカーボンブラック微粒子を混合した，さまざまな高分子の導電性を測定した例である．カーボンブラックの濃度がある値を超えると，一気に導電性が増加することがわかる[9].

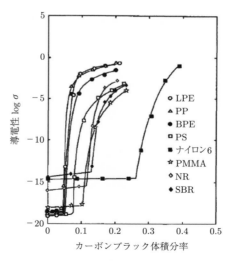

図 **6.16** 各種の高分子にカーボンブラックを配合した場合の導電性
K. Miyasaka, et al. : *J. Mat. Sci.*, **17**, 1610 (1982).

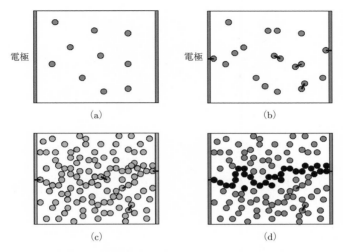

図 6.17 導電性微粒子によるパーコレーション形成

　高分子は絶縁性を有しているので，混合した導電性微粒子の濃度が増えて，それらどうしが接触して導電パスを形成しないと，導電性が現れないことを意味している．これを模式的に図 6.17 に示す．粒子が希薄な場合(図 6.17(a))は，接触する粒子は少なく，多少濃度が増加しても(図(b))小さなクラスターはできるものの系全体にわたって導電パスは形成されない．しかし，ある閾値濃度を超えると導電パスが形成される(図(c)，(d))．これがパーコレーションの一例である．

　パーコレーションの理論は，森林火災，噂の伝播，ウイルスの拡散，イノベーションの浸透などいろいろな分野へ適用されている．ある二つのものがある程度の距離に接近することによって，物質・情報・エネルギーの伝播が行われる．空間密度が増加したある点を境に，一気にその伝播が系全体に広がるという現象を表している[10]．粒子の配置をさまざまな格子系で与えて，パーコレーションの起きる閾値が調べられている[11]．この場合は，粒子の体積や導電パスの生じる距離の寄与は考えられていないため，格子系が決まればパーコレーション閾値は決まる．一方，複合材においては粒子どうしが完全に接触しなくても 100 nm 程度の距離でホッピングあるいはトンネリングで導電キャリアが伝播する．これがパーコレーション閾値に影響する．

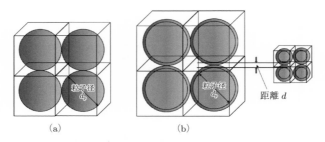

図 **6.18** 接触判定と粒子配置の関係

例題 6.8 粒子径が小さくなると，パーコレーションの臨界体積濃度が小さくなる理由を説明せよ.   ◁

（**解**）　正四面体格子を考える．この格子の中心に粒子が1個存在して，それらが隣どうしで完全に接触する場合，粒子の大きさによらず接触条件における粒子の体積分率は一定となり，$\pi/6$ である（図6.18(a)）．しかし，接触の条件を，粒子どうしがある一定の距離に接近したときに接触するということにすると，接触時の粒子体積分率は小さくても接触に至ったと判断される（図6.18(b)）．そして，その臨界体積分率 Φ は式(6.25)で表される．この式をみると，粒子径が小さければ Φ が小さくなることがわかる．他の格子においても，同様のことがいえる．

$$\Phi = \left(\frac{\pi}{6}\right) \frac{d_\mathrm{p}{}^3}{(d_\mathrm{p}+d)^3} \tag{6.25}$$

　図6.16では，同じカーボンブラックでも，混ぜるポリマーが異なるとパーコレーションの閾値が変わっていることが示されている．これはカーボンブラックとポリマー間のなじみ（相互作用）が変化して分散状態が変わるからである．たとえば，ポリエチレン(PE)やポリプロピレン(PP)などでは，カーボンブラックとポリマーのなじみが弱いため，カーボンブラックどうしがゆるく凝集する傾向となる．このため，大きなクラスターの形成が起こりやすくなり，パーコレーションの閾値が小さくなったと解釈される．

例題 6.9　パーコレーションの閾値濃度近傍で，導電性ポリマー複合体の電気伝導度を測定すると，データのばらつきは非常に大きくなる．この理由を述べよ．

◁

（解）　複合体中には粒子濃度の揺らぎがある．パーコレーション閾値の近傍では，わずかな濃度の揺らぎが大きな電気伝導度の揺らぎとなって現れる．そのため測定値にばらつきが生ずる．

　厳密な扱いとしては臨界揺らぎの理論がある．パーコレーションも臨界現象の一つとして整理できることがわかっており，臨界点近傍では物性がスケーリング則に従うことが知られている[10]（図 6.19）.

　一般に，あるパラメーター閾値の近傍で現象が大きく変化する状態遷移が起こる場合，遷移点近傍で物性などの測定を行うと，測定ごとに値がばらつき解析に苦労することがある．現象全体を俯瞰し，状態遷移を含む過程が存在するかどうかをよく見極めたうえで解析評価を進めることが重要である．

　複合体の混合混練操作条件は，充填剤（フィラーとよぶ）の分散状態に影響する．したがって，パーコレーション閾値も変わる．導電性付与を考える場合には，均一によく分散すればなるほどかえってパーコレーションパスは生成しにくくなる．定性的には「適度にゆるく線状に凝集している」という構造が適切である

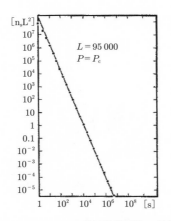

図 6.19　パーコレーション臨界濃度近傍の凝集体サイズ
D. Stauffer 著，小田垣孝訳：パーコレーションの基本原理，
吉岡書店(2001)，p. 121，図 15.

といえる.

　微粒子を分散させた系において，多くの場合は空間的に構造をもたない完全にランダムな状態を仮定することが多い．しかし，実際には上述したようなパーコレーションの概念に基づくと，単純な分散状態にも構造が見え隠れしていることがわかる．また，微粒子は多くの場合製造時に凝集構造を形成しているので，複合体の分散構造についてはさらに注意深い観察と考察が必要である.

6.4.2　フラクタル

　先のカーボンブラックのような凝集体や樹状組織は世の中で散見されるが，これらはフラクタル構造[11]の一例である.

　フラクタルは自己相似図形といわれ，海岸線もその例である．すなわち，どのように微細に観察しても同じような構造が観察され，「スケールを明示されない限り，その大きさを判断することができないようなもの」ともいえる．フラクタル次元はフラクタルを表す一つの尺度である．たとえば，図 6.20 のように中心の粒子に対して周りから粒子が集まって凝集体を形成したような図形に対しては，フラクタル次元としては，中心からの距離に対して，その中に含まれる対象物の面積割合になる．つまり，ランダムに分散した粒子の大きさは r の 2 乗になる．ところが，フラクタル次元は 2 乗未満の数字になり，それが r の大きさによらず一定であることが示される.

　カーボンブラックやシリカの凝集体は拡散律速凝集[3]で形成されている．このような拡散律速凝集体の場合，フラクタル次元はパーコレーションクラスターの

図 6.20　微粒子凝集体のフラクタル構造

フラクタル次元よりもやや小さく，そのため凝集体の広がりが大きいカーボンブラックが導電性付与の目的には適しているといえる．

このような複合体は通常，熱溶融させたポリマーにカーボンブラックを混合し混錬・成型して製造される．成型可能な溶融粘度には上限があるため，複合できるカーボンブラックの濃度は限定される．とくに高濃度になりすぎると，粒子間の相互作用などによって物理的なゲル架橋を起こし急激に粘度が上がる．流動下でのゲル架橋，すなわち動的パーコレーションの閾値を与える体積分率は，導電パスの静的パーコレーション閾値より高いので，この値における導電性が高いことが全体の最適化に導く術となる．

一般論としては，ポリマー分子とカーボンブラック粒子の動き得る自由体積に相当する隙間が多いほうが流動は確保されるので，凝集体の広がりが大きく，多少粒度分布が広いほうが好ましい．次節で微粒子分散体のレオロジー特性について考察する．

6.5　溶媒中での微粒子の分散とレオロジー特性

機能材の開発において，とくに 100 nm 以下の微粒子が分散した複合体は非常に重要である．その製造過程では，それらのスラリーやコロイド溶液を取り扱うことになるが，そのプロセス設計は容易ではない．たとえば，最終製品の物性や機能は，混合するフィラーとそれが含有されたポリマーやゲル（マトリックスとよぶ），およびそれらに含まれる微量の添加物によって左右され，構成物の単純和で表されないことが多く，フィラーの分散構造が非常に重要となる．前節の導電性におけるパーコレーションの構造形成はその典型である．したがって，製造工程では最終的な複合体の分散構造を制御したうえで，目的の物性機能を得ることが求められる．この製造工程，すなわち混合分散においては，レオロジー特性と構造に関する知見が非常に重要である．しかし，現在に至るまで経験科学の色彩が強く，理論的な工程設計が難しいところがある．

本節では，微粒子分散系のレオロジー特性についての一般論を示したうえで，事例を考察することにする．

流体に微粒子を混合すると，その粘度は徐々に増加するとともにせん断速度に依存するようになる．さらに，粒子の形状が球形から外れると，濃度，せん断速度の粘度への依存性が増す．そして，粒子の分散状態も流動特性に大きな影響を

及ぼす．分散液の粘度予測を確実に行うことができれば，こうした設計に反映することができる．以下，微粒子分散体についてレオロジー特性解析および設計の事例を示す．

まず，微粒子の体積分率 Φ が低いときには，比粘度 η_r は，

$$\eta_r = \frac{\eta_{\text{dispersion}}}{\eta_{\text{dispersing fluid}}} = 1 + 2.5 \times \Phi \tag{6.26}$$

として与えられる．これは Einstein の粘度式としてよく知られている．

Φ が 0.01〜0.02 を超えた場合は，次のビリアル展開式(6.27)がよく使われる．

$$\eta_r \equiv \frac{\eta_{\text{dispersion}}}{\eta_{\text{dispersing fluid}}} \approx 1 + [\eta]\Phi + k_{\text{H}}\Phi^2 + \cdots \tag{6.27}$$

ここで Φ の 1 次項 $[\eta]$ は固有粘度とよばれ，球形粒子の場合は Einstein の関係式から 2.5 となる．Φ の 2 次項の係数 k_{H} は Huggins（ハギンズ）係数とよばれる．k_{H} の導出についてはさまざまな報告がある．以下，文献[12]に従って整理する．

微粒子はせん断流の中で同時に Brown 運動も行っているので，それらの寄与を含めると k_{H} は 6.2 以下であり，そのうち流体力学的な寄与が 5.2，Brown 運動の寄与が 1.0 と解析されている．ここで考えている Brown 運動は，流体のせん断場に影響する回転の Brown 運動である．

さらに，k_{H} は粒子間相互作用の影響を強く受ける．上述の k_{H} は粒子間には反発力だけがはたらく場合の値であるが，粒子間に吸引力がはたらく場合には，

$$k_{\text{H}} = 21.4 - 12.2Y$$

という表現式が提案されている．ここに，Y は浸透圧の第二ビリアル係数である．

この式において，$Y=1$ では吸引力がまったくはたらかないよく分散する溶媒中での挙動，$Y=0$ では吸引力と粒子から受ける Van der Waals（ファン・デル・ワールス）力の反発力とバランスするいわゆる θ 溶媒での挙動が示されることになる．反発する粒子に対する k_{H} がおよそ 6.2 である一方，緩く吸引する粒子の場合は 21.4 であるので，それらの間には約 3 倍の違いがあることになる．$k_{\text{H}}=9.2$ の θ 溶媒の場合でも依然として大きな差がある．k_{H} の違いを考慮して比粘度 η_r の関係を図示したものが図 6.21 である．

この図から Φ が 0.02 以下では，k_{H} の違いは比粘度 η_r にほとんど反映されていないことがわかる．さらに Φ が 0.1 以上の高濃度領域に関しては，パーコレーション閾値の考慮が必要となる．つまり，Φ を増加させると臨界濃度 Φ^* におい

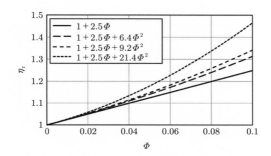

図 **6.21** 比粘度の粒子密度依存性：理論の比較

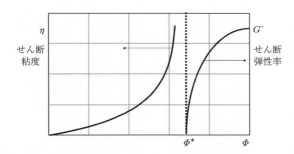

図 **6.22** せん断粘度，せん断弾性率とフィラー体積分率の関係（模式図）

てパーコレーションが起こり，その近傍でせん断粘度が急上昇し，その後は物理ゲルとなって弾性応答を示す（図 6.22）．そして，この Φ^* がゾル・ゲル転移点と言い換えることもできる．実際には，多くのゲルが微粒子で構成されていることが知られている．

この転移点 Φ^* を用いて，スラリー粘度の表現式が経験的に与えられている．

$$\eta_r = \left(1 - \frac{\Phi}{\Phi^*}\right)^{-2} \left\{1 - 0.4\left(\frac{\Phi}{\Phi^*}\right) + 0.34\left(\frac{\Phi}{\Phi^*}\right)^2\right\} \tag{6.28}$$

例題 6.10　式（6.28）をビリアル展開式として近似的に表し，1 次項の係数が 2.5，2 次項の係数が 6.25 になっていることを示せ．ここで Φ^* は 0.64 とする．　◁

（**解**）　まず，$\dfrac{\Phi}{\Phi^*} \to 0$ では，

$$\left(1-\frac{\varPhi}{\varPhi^*}\right)^{-2} \approx 1+2\frac{\varPhi}{\varPhi^*}$$

なので,

$$\eta_r = \left\{1+2\frac{\varPhi}{\varPhi^*}+3\left(\frac{\varPhi}{\varPhi^*}\right)^2\right\}\left\{1-0.4\frac{\varPhi}{\varPhi^*}+0.34\left(\frac{\varPhi}{\varPhi^*}\right)^2\right\}+ \text{高次項}$$

$$=1+1.6\frac{\varPhi}{\varPhi^*}+2.56\left(\frac{\varPhi}{\varPhi^*}\right)^2+ \text{高次項} =1+2.5\varPhi+6.25\varPhi^2+ \text{高次項}$$

となり,低濃度の式 (6.27) をよく表現できているといえる.

フィラーの形状の影響について,式 (6.28) を変形するために経験式 (6.29) が利用される.

$$\varPhi^* = \varPhi_m\left[1+\frac{\varPhi_{ocp}-\varPhi_m}{\varPhi_m}\left\{\frac{(\dot{\gamma}\theta)^2}{1+(\dot{\gamma}\theta)^2}\right\}\right] \tag{6.29a}$$

$$\varPhi_m = \frac{2\ln A_f}{A_f} \tag{6.29b}$$

$\varPhi_m$ は微粒子が完全にランダムな方向を向いていると仮定した場合のパーコレーション閾値であり,フィラーのアスペクト比 A_f の関数である.なお,アスペクト比はたとえば回転楕円体の場合はその長軸と短軸の比として与えられ,繊維状物質の場合は繊維の長さと径の比となる.また,$\varPhi_{ocp}$ は微粒子が完全に配向した場合の最密充填体積分率であり,$\varPhi_m$ をゼロせん断の場合,$\varPhi_{ocp}$ をせん断速度無限大の場合のパーコレーション閾値と近似して,希薄濃度下で用いる.

$\varPhi_{ocp}$ については,二軸対称性をもつ回転楕円体を仮定した場合は球の最密充填構造と同じ 0.7405 である.また六角柱の値は 0.9069 である.$\dot{\gamma}\theta$ については,第一近似として回転 Brown 運動の拡散係数 D_r を用いて式 (6.30) を用いることができる.ここに θ は特性緩和時間であり,式 (6.30) から定義される.Pe は Péclet 数である.

$$\dot{\gamma}\theta \cong Pe = \frac{\dot{\gamma}}{D_r} = \frac{6V\eta\dot{\gamma}A_f}{k_BT} \tag{6.30}$$

この式を見ると,$6V\eta\dot{\gamma}A_f/k_BT$ が時間の次元をもつことがわかる.これが特性時間 θ である.式 (6.27) の $[\eta]$ は比粘度の濃度 0 での極限として与えられる.これはせん断速度と温度の関数であるので,式 (6.31) で定義し直す.

$$[\eta(T,\dot{\gamma})] = \lim_{\varPhi \to 0}\frac{\eta-\eta_0}{\eta_0\varPhi} = \lim_{\varPhi \to 0}\frac{\tau-\tau_0}{\tau_0\varPhi} \tag{6.31}$$

ここに，τ はせん断応力である．次に実験などで求められた $[\eta(T, \dot{\gamma})]$ を用いて式(6.32)に従って $\dot{\gamma}\theta$ を算出することもできる．

$$\dot{\gamma}\theta = \sqrt{\frac{[\eta]_0 - [\eta(T, \dot{\gamma})]}{[\eta(T, \dot{\gamma})] - [\eta]_\infty}} \tag{6.32}$$

以上のモデルは，フィラーが溶媒中に単分散している系を想定したものである．実際には，微粒子は凝集体構造をとることが多い．この場合の微粒子分散体のパーコレーション閾値 Φ^*_{fractal} は，凝集体内に含まれる微粒子数 N とフラクタル次元 d，および式(6.29a)で与えられる Φ^* との関係としては，以下の式(6.33)が知られている．

$$\Phi^*_{\text{fractal}} = \Phi^* N^{1-\frac{3}{d}} \tag{6.33}$$

この場合には粘度の推算は式(6.29)の Φ^* の代わりに Φ^*_{fractal} を用いて行うことになる．

また，微粒子が凝集体構造をとっている場合には，微粒子径は凝集体の回転半径 R_g を考慮して，微粒子半径 a ならびにフラクタル次元 d，凝集体内微粒子数 N の関係は，以下のようになる．

$$N = k_g \left(\frac{R_g}{a}\right)^d \tag{6.34}$$

回転半径(R_g)は，

$$R_g^2 = \frac{d}{2+d} R^2$$

で与えられるので，k_g は，

$$k_g = \left\{\sqrt{1.56 - \left(1.728 - \frac{d}{2}\right)^2} - 0.228\right\}^d \left(\frac{2+d}{d}\right)^{\frac{d}{2}} \tag{6.35}$$

である．

また凝集体の流体力学的径 r については，凝集体内の一次粒子数 N，凝集体の最外径 R とすると，下式で与えられる．

$$N = \left(\frac{r}{R}\right)^d \left(\frac{R}{a}\right)^d = \left(\frac{r}{a}\right)^d \tag{6.36}$$

$$\frac{r}{R} = \sqrt{1.56 - \left(1.728 - \frac{d}{2}\right)^2} - 0.228 \tag{6.37}$$

例題 6.11 任意形状の物質に対して回転半径 R_g は，総質量を M としたとき，その慣性モーメント I に対して，

$$I = MR_\mathrm{g}^2 \tag{6.38}$$

で与えられる.

フラクタル次元 d の物質の平均密度は,球対称物質の場合その中心からの距離の関数として,

$$C(r) = Ar^{d-3} \tag{6.39}$$

で与えられる.A は均一に微粒子が分布しているとした場合の微粒子集合体の嵩密度である($d=3$ のとき $C(r) = A$ と一定である).

このとき,フラクタル物質の最外径を R としたとき回転半径 R_g を与える式を導け.   ◁

(解) 密度分布のある軸対称物体の慣性モーメントの定義により,次式で表される.

$$I = \int_0^R 4\pi r^2 C(r) r^2 \mathrm{d}r \tag{6.40}$$

このとき質量は,

$$M = \int_0^R 4\pi r^2 C(r) \mathrm{d}r \tag{6.41}$$

である.したがって,式(6.38)〜(6.40)から,

$$R_\mathrm{g}^2 = \frac{d}{2+d} R^2 \tag{6.42}$$

となる.

例題 6.12 凝集体を考慮しない前提で回転楕円体型のナノサイズのコロイダルシリカを水に分散させた場合に予想される粘度とせん断応力の関係を計算し,その挙動を評価せよ.物性値は表6.2で与える.

また,比粘度 $[\eta(T, \dot{\gamma})]$ の Pe 数およびアスペクト比 A_f に関する依存性は Brenner らの計算結果[13]として表6.3に示す値が得られているので,それらを用いよ.   ◁

表 **6.2** コロイダルシリカの諸物性

シリカ密度 [g·cm⁻³]	水密度 [g·cm⁻³]	粒子半径 [nm]	水粘度 [Pa·s]	アスペクト比 A_f [—]
2.6	1.0	50, 200, 1000	0.0008	5, 10, 25

表 6.3　比粘度 $[\eta(T, \dot{\gamma})]$ の Pe 数およびアスペクト比 A_f に関する依存性に関する Brenner らの計算結果

Pe ＼ A_f	1	2	3	4	5	7	10	16	25	50
0	2.5	2.908	3.685	4.663	5.806	8.533	13.63	27.18	55.19	176.8
0.25	2.5	2.907	3.683	4.661	5.802	8.526	13.62	27.15	55.13	176.6
0.5	2.5	2.906	3.679	4.653	5.791	8.506	13.59	27.07	54.96	176
0.75	2.5	2.903	3.672	4.641	5.773	8.474	13.53	26.94	54.68	175.1
1	2.5	2.899	3.663	4.624	5.748	8.429	13.45	26.76	54.29	173.8
1.25	2.5	2.895	3.651	4.604	5.717	8.374	13.34	26.54	53.81	172.1
1.5	2.5	2.89	3.637	4.579	5.681	8.31	13.23	26.28	53.25	170.3
1.75	2.5	2.884	3.621	4.552	5.64	8.237	13.09	25.98	52.62	168.1
2	2.5	2.877	3.604	4.522	5.596	8.158	12.95	25.66	51.93	165.8
2.25	2.5	2.871	3.586	4.49	5.548	8.074	12.8	25.32	51.2	163.4
2.5	2.5	2.863	3.566	4.457	5.499	7.986	12.64	24.97	50.44	160.8
3	2.5	2.848	3.526	4.387	5.396	7.804	12.31	24.24	48.86	155.5
3.5	2.5	2.832	3.485	4.316	5.291	7.619	11.97	23.49	47.26	150.1
4	2.5	2.816	3.444	4.246	5.188	7.437	11.64	22.77	45.7	144.9
4.5	2.5	2.801	2.405	4.179	5.089	7.263	11.32	22.07	44.21	139.9
5	2.5	2.787	3.367	4.115	4.995	7.097	11.03	21.41	42.8	135.2
6	2.5	2.76	3.299	3.999	4.824	6.797	10.48	20.22	40.24	126.6
7	2.5	2.738	3.24	3.897	4.675	6.537	10.01	19.19	38.04	119.2
8	2.5	2.718	3.189	3.81	4.547	6.312	9.608	18.3	36.14	112.9
9	2.5	2.702	3.145	3.734	4.435	6.117	9.257	17.53	34.5	107.5
10	2.5	2.688	3.107	3.668	4.338	5.947	8.95	16.86	33.07	102.7
12.5	2.5	2.661	3.037	3.536	4.143	5.603	8.332	15.51	30.21	93.19
15	2.5	2.642	2.995	3.435	3.989	5.329	7.833	14.42	27.89	85.54
17.5	2.5	2.629	2.934	3.364	3.88	5.139	7.496	13.69	26.34	80.43
20	2.5	2.619	2.9	3.3	3.788	4.974	7.199	13.05	24.98	75.93
22.5	2.5	2.611	2.874	3.25	3.712	4.839	6.956	12.52	23.86	72.28
25	2.5	2.605	2.852	3.208	3.647	4.723	6.745	12.06	22.9	69.12
30	2.5	2.597	2.819	3.142	3.545	4.536	6.406	11.32	21.35	64.05
35	2.5	2.591	2.795	3.092	3.465	4.389	6.138	10.74	20.12	60.39
40	2.5	2.587	2.777	3.053	3.401	4.269	5.918	10.27	19.12	56.8
45	2.5	2.584	2.763	3.021	3.348	4.167	5.728	9.847	18.24	53.94
50	2.5	2.582	2.752	2.995	3.303	4.078	5.56	9.477	17.46	51.4
60	2.5	2.579	2.736	2.955	3.232	3.933	5.278	8.845	16.12	47.04
∞	2.5	2.5695	2.6836	2.801	2.9184	3.1375	3.4366	3.9296	4.6208	7.6823

H. Brenner : *Int. J. Multiphase Flow.* Ⅰ, 195(1974).

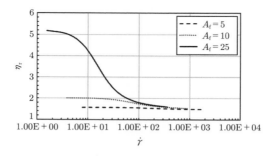

図 **6.23**　せん断速度 $\dot{\gamma}$ と比粘度の関係：アスペクト比の違い

（**解**）　まず，表6.3より $[\eta(T,\dot{\gamma})]$, $[\eta]_\infty$, $[\eta]_0$ を読み取り，式(6.32)

$$\dot{\gamma}\theta = \sqrt{\frac{[\eta]_0 - [\eta(T,\dot{\gamma})]}{[\eta(T,\dot{\gamma})] - [\eta]_\infty}}$$

に従い，$\dot{\gamma}\theta$ を求める．次に，アスペクト比 A_f を与えれば，式(6.29b)

$$\Phi_\mathrm{m} = \frac{2\ln A_\mathrm{f}}{A_\mathrm{f}}$$

から Φ_m が求まり，これと先の $\dot{\gamma}\theta$ を用いて，式(6.29a)

$$\Phi^* = \Phi_\mathrm{m}\left[1 + \frac{\Phi_\mathrm{ocp} - \Phi_\mathrm{m}}{\Phi_\mathrm{m}}\left\{\frac{(\dot{\gamma}\theta)^2}{1 + (\dot{\gamma}\theta)^2}\right\}\right]$$

から Φ^* が求まる．なお，上述したように回転楕円体の場合は $\Phi_\mathrm{ocp} = 0.7405$ である．これらの値から式(6.28)によって粘度に対するせん断速度，粒子形状，および粒子濃度のそれぞれの依存性が求まる（図6.23）．

　図6.23から，アスペクト比 A_f が大きくなると，せん断速度の増加につれ，粘度が低下していることがわかる．これがいわゆる**ずり流動化**である．せん断によって，粘度を下げる方向に粒子の配向が起こっているためである．実際にはせん断を受ける領域の大きさとの関係も重要である．また，濃度が高い領域では，せん断速度が上がると逆に粘度が上昇する**ずり粘稠化**が起きることもある．せん断流れにより粒子の凝集が起こるためである．これらについては，一つひとつの粒子の運動に着目して厳密に数値解析を行う手法も開発されている[3]ので，上述の考え方でプロセス俯瞰を行ったうえで，より詳細に検討することが重要である．

付　録

A1.　反応拡散計算コード：Excel VBA

計算の前に Results というシートを作成しておくこと.

```
-----------------------
Sub main()

Dim dx, dt, D, q, kr As Double
Dim c(42, 42), c1(42, 42)As Double
Dim i, j, k, iL As Integer
Dim imax, jmax, kmax As Integer

dx = 0.25
dt = 0.01
D = 1
kr = 0.1
q = D*dt / dx / dx

Sheets("Results").Cells(i + 1, j + 1).Value = c(i, j)
imax = 40
jmax = 40
kmax = 1000
iL = 10

'初期条件
For i = 0 To imax
For j = 0 To jmax

c(i, j) = 0#
c1(i, j) = 0#

Next
Next

For k = 0 To kmax-1
```

```
'境界条件：湧出し側
For i = 0 To iL-1
c(i, 0) = 0#
c1(i, 0) = 0#
Next
For i = iL To iL+19
c(i, 0) = 1#
c1(i, 0) = 1#

Next
For i = iL+20 To imax
c(i, 0) = 0#
c1(i, 0) = 0#
Next
'境界条件：x = 0
For j = 1 To jmax-1

c1(0, j) = (1-3*q)*c(0, j)+q*(c(1, j)+c(0, j-1)+c(0, j+1))-kr*c(0, j)*dt
Next

'境界条件：x = xmax
For j = 1 To jmax
c1(imax, j) = (1-3*q)*c(imax, j)+q*(c(imax-1, j)+c(imax, j-1)+c(imax, j+
1))-kr*c(imax, j)*dt
Next

'境界条件：y = ymax
For i = 1 To imax-1
c1 (i, jmax) = (1-3*q)*c (i, jmax)+q*(c (i, jmax-1)+c (i-1, jmax)+c (i+1,
jmax))-kr*c(i, jmax)*dt
Next

'境界条件；x = 0, y = ymax
c1(0, jmax) = (1-2*q)*c(0, jmax)+q*(c(0, jmax-1)+c(1, jmax))-kr*c(imax, j)-
kr*c(0, jmax)*dt

'境界条件；x = xmax, y = ymax
c1(imax, jmax) = (1-2*q)*c(imax, jmax)+q*(c(imax-1, jmax)+c(imax, jmax-1))
-kr*c(imax, jmax)*dt

For i = 1 To imax-1
For j = 1 To jmax-1
```

```
c1(i, j) = (1-4*q)*c(i, j) + q*(c(i+1, j) + c(i-1, j) + c(i, j+1) + c(i, j-1)) - kr*
c(i, j)*dt
Next
Next

For i = 0 To imax
For j = 0 To jmax
c(i, j) = c1(i, j)
Next
Next

Next
For i = 1 To imax
For j = 1 To jmax

Sheets("Results").Cells(i+1, j+1).Value = c(i, j)

Next
Next

End Sub
```

A2.　移流反応拡散方程式の計算コード：C++

```
-----------------------
#include<iostream>
#include<fstream>
#include<cstdlib>
#include<ctime>
using namespace std;

void record2DDouble(double u[11][73])
{
ofstream ofs;
double data,L0,EZ,V,DP,DZ,DT,K,T1,T2,T3,RDT;

DZ=0.1;
//DT=0.00048;
//L0=5000.0;
//EZ=10.0;
//RDT=DT/EZ*L0*L0;

int i,j;
int imax,jmax;

imax=10;
jmax=72;

ofs.open("testdat_cl_dcr.csv",ios::out);

ofs<<"DataFormat,1"<<endl<<endl<<endl<<"xy,";

for(i=0;i<=imax;i++)
{
ofs<<i*DZ<<",";
}
ofs<<endl;
for(j=0;j<=jmax;j++)
{

ofs<<j*DZ<<",";
for(i=0;i<=imax;i++)
{
```

```
data=u[i][j];
ofs<<data<<",";
}
ofs<<endl;
}
ofs.close();
}

main()
{
double data,L0,EZ,V,DP,DZ,DT,K,T1,T2,T3;
double u[11][73];
double AL[11],s[11],D[11];
double P[73],T4[73],U0[73];
double A,B,C,AD,BD,CD,D1,D2,D3,D4,D5,D6,D7,D8,D9,RDT;

L0=5000;
EZ=10;
V=0.4;
//DP=0.2
K=0.000111;
DZ=0.1;
DT=0.00048;

int i,j;
int imax,jmax;

imax=10;
jmax=72;

//初期条件
for(i=1;i<=imax;i++){
u[i][1]=0.0;
}

//境界条件：湧出し側
for(j=1;j<=jmax;j++){
u[1][j]=sin(j*3.14/jmax);
cout<<u[1][j]<<endl;
}

T1=-V*L0/EZ;
```

```
T2 =-K*L0*L0/EZ;
T3 = 0;
for(j = 1;j<= jmax;j ++){
T4 [j] = 0;
}

A = 1/(2.0*DZ*DZ)-T1/(4.0*DZ);
B = 1/DT + 1.0/DZ/DZ-T2/2.0;
C = 1.0/(2.0*DZ*DZ) + T1/(4.0*DZ);

AD =-1.0/(2.0*DZ*DZ)-T1/(4.0*DZ);
BD = 1.0/DT-1.0/DZ/DZ + T2/2.0;
CD = 1.0/(2.0*DZ*DZ) + T1/(4.0*DZ);

for(j = 1;j<= jmax;j ++){
  D1 = AD*U0 [j] + A*U0 [j];
  D2 = BD*u [1] [j];
  D3 = CD*u [2] [j] + T3 + T4 [j];
    D [1] = D1 + D2 + D3;
for(i = 2;i<imax;i ++){
  D4 = AD*u [i-1] [j];
  D5 = BD*u [i] [j];
  D6 = CD*u [i + 1] [j] + T3 + T4 [j];
  D [i] = D4 + D5 + D6;
}
  D7 = AD*u [9] [j];
  D8 = BD*u [10] [j];
  D9 = 2*CD*(2*u [10] [j] -u [9] [j] ) + T3 + T4 [j];
  D [10] = D7 + D8 + D9;

AL [1] = B;
  for(i = 2;i<= imax;i ++){
    AL [i] = B-A*C/AL [i-1];
}

s [1] = D [1];
  for(i = 2;i<= imax;i ++){
    s [i] = D [i] + A*s [i-1] /AL [i-1];
}

u [10] [j + 1] = s [10] /AL [10];
```

```
  for(i=9;i>0;i--){

u[i][j+1]=(s[i]+C*u[i+1][j+1])/AL[i];
}
}

for(i=1;i<=imax;i++){
for(j=1;j<=jmax;j++){
record2DDouble(u);
}
}
}
```

A3.　2次元矩形領域での定常拡散計算コード：Excel VBA

　計算の前に Results というシートを作成しておくこと.

```
------------------------
Sub main()

Dim c(21, 21), ck(21, 21)As Double
Dim kk, kmax, kkmax As Integer
Dim r(600)As Double
Dim I, j, k, imax, jmax As Integer

kmax = 600

'初期条件

imax = 21
jmax = 21

For I = 2 To imax-1
For j = 2 To jmax-1
c(I, j) = 0
Next
Next

'境界条件

For I = 1 To imax
  c(I, 1) = 0
Next

For I = 1 To 4
  c(I, jmax) = 0
Next

For I = 5 To 7
  c(I, jmax) = 0.2
Next

For I = 8 To 11
  c(I, jmax) = 0
Next
```

```
For I = 12 To 15
  c(I, jmax) = 0.3
Next

For I = 16 To imax
  c(I, jmax) = 0
Next
```

'繰返し計算

```
For k = 1 To kmax
  r(k) = 0
  For I = 2 To imax-1
  For j = 2 To jmax-1

    ck(I, j) = (c(I-1, j) + c(I+1, j) + c(I, j-1) + c(I, j+1))/4
    r(k) = r(k) + ck(I, j)-c(I, j)

  Next
  Next
```

'加速緩和計算

```
  For I = 2 To imax-1
  For j = 2 To jmax-1

    c(I, j) = ck(I, j) + 0.006*(ck(I, j)-c(I, j))

  Next
  Next
```

'境界条件　No flux条件

```
  For j = 1 To jmax
    c(1, j) = ck(2, j)
    c(imax, j) = ck(imax-1, j)
  Next

  For I = 1 To 4
    c(I, jmax) = ck(I, jmax-1)
  Next
```

```
For I = 8 To 11
  c(I, jmax) = ck(I, jmax-1)
Next

For I = 16 To imax-1
  c(I, jmax) = ck(I, jmax-1)
Next

  c(1, jmax) = ck(2, jmax-1)
  c(imax, jmax) = ck(imax-1, jmax-1)

Next

'結果の出力

For I = 1 To imax
For j = 1 To jmax
  Sheets("Results").Cells(I+1, j+1).Value = c(I, j)
Next
Next

'計算の収束状況確認
kkmax = kmax / 20

For kk = 1 To kkmax
  Sheets("Results").Cells(23+kk, 2).Value = r(kk*20)
Next
End Sub
```

A4.　非線形常微分方程式の線形安定性評価

$$\dot{x} = f(x, y)$$
$$\dot{y} = g(x, y)$$

で与えられた系の線形安定性は，定常解 (x_s, y_s) に対して摂動 $(\delta x, \delta y)$

$$x = x_s + \delta x$$
$$y = y_s + \delta y$$

の時間発展を与える式

$$\dot{x} = f(x_s, y_s) + \left.\frac{\partial f}{\partial x}\right|_{x_s, y_s} \partial x + \left.\frac{\partial f}{\partial y}\right|_{x_s, y_s} \delta y + O(\delta x^2, \delta y^2, \delta x \delta y)$$

$$\dot{y} = f(x_s, y_s) + \left.\frac{\partial g}{\partial x}\right|_{x_s, y_s} \delta x + \left.\frac{\partial g}{\partial y}\right|_{x_s, y_s} \delta y + O(\delta x^2, \delta y^2, \delta x \delta y)$$

を考察することによって評価できる．高次項を無視して，

$$\dot{\delta x} = \left.\frac{\partial f}{\partial x}\right|_{x_s, y_s} \delta x + \left.\frac{\partial f}{\partial y}\right|_{x_s, y_s} \delta y$$

$$\dot{\delta y} = \left.\frac{\partial g}{\partial x}\right|_{x_s, y_s} \delta x + \left.\frac{\partial g}{\partial y}\right|_{x_s, y_s} \delta y$$

この微分方程式の Jacobi 行列

$$J = \begin{pmatrix} \left.\dfrac{\partial f}{\partial x}\right|_{x_s, y_s} & \left.\dfrac{\partial f}{\partial y}\right|_{x_s, y_s} \\ \left.\dfrac{\partial g}{\partial x}\right|_{x_s, y_s} & \left.\dfrac{\partial g}{\partial y}\right|_{x_s, y_s} \end{pmatrix} = \begin{pmatrix} f_x & f_y \\ g_x & g_y \end{pmatrix}$$

摂動に対する固有値 λ は，

$$\det(J - \lambda I) = 0$$

で得られる．すなわち，

$$\lambda^2 - \alpha\lambda + \beta = 0$$

$$\alpha \equiv \mathrm{tr}\, J = \left.\frac{\partial f}{\partial x}\right|_{x_s, y_s} + \left.\frac{\partial g}{\partial y}\right|_{x_s, y_s}$$

$$\beta \equiv \det J = \left(\left.\frac{\partial f}{\partial x}\right|_{x_s, y_s} \times \left.\frac{\partial g}{\partial y}\right|_{x_s, y_s}\right) - \left(\left.\frac{\partial f}{\partial y}\right|_{x_s, y_s} \times \left.\frac{\partial f}{\partial y}\right|_{x_s, y_s}\right)$$

$$\lambda = \frac{\alpha \pm \sqrt{\alpha^2 - 4\alpha\beta}}{2}$$

となる．以下に，系の挙動を分類し，安定性を評価する．

Ⅰ．固有値が実数の場合

　　　$\alpha^2 - 4\alpha\beta > 0$

（ⅰ）$\alpha < 0$, $\beta > 0$　　　固有値は常に負であるので，摂動は時間とともに減少するため，平衡点は安定となる．

（ⅱ）$\alpha > 0$, $\beta > 0$　　　固有値は常に正．すなわち摂動は時間とともに常に増加するので，平衡点から少しでもずれると平衡点からどんどん解が離れていく．すなわち，平衡点は不安定であるといえる．

（ⅲ）$\beta > 0$　　　固有値は片方が正，片方が負となるので，平衡点はサドル点となり不安定．

Ⅱ．固有値が複素数の場合

　　　$\alpha^2 - 4\alpha\beta < 0$

（ⅰ）$\alpha > 0$　　　振動しながら平衡点を離れる不安定状態．

（ⅱ）$\beta > 0$　　　振動しながら平衡点に近づく安定状態．

（ⅲ）$\beta = 0$　　　周期的に平衡点の周りを振動する．安定とも不安定ともいえない．

A5.　Liesegang 環計算コード：**Excel VBA**

　計算の前に Parameters，Results というシートを作成しておく．シート Parameters のカラムには図 A5.1 のように各パラメーターの値を入力しておく．Jmax は時間ステップの最大数だが，計算時間がかかるので，最初は 500 程度の小さい値でプログラムの動作を確認しておく．

図 **A5.1**

```
------------------------------------------------
Sub Main()
Application.ScreenUpdating = False
Dim I, Imax As Integer
Dim J, Jmax As Long
Dim A(2001), A1(2000) As Double
Dim A11(2000), B11(2000), c11(2000) As Double
Dim B(2001), B1(2000) As Double
Dim C(2001), C1(2000) As Double
Dim D(2001), D1(2000) As Double
Dim xc(2000), yc(2000) As Double
Dim dt, dx, DA, DB, DC, dmk2 As Double
Dim ksp, cs, A0, B0 As Double
Dim axt, bxt, cxt, xt As Double
Dim aaxt, abxt, acxt As Double

Imax = Sheets("Parameters").Range("B15").Value '境界までの分割数　dx*Imax が
```

```
' 境界までの距離となる
Jmax = Sheets("Parameters").Range("B15").Value ' 時間ステップの最大数　拡散の
' 拡がりをどこまで追うかで決める　axt,bxt,cxt が時間 1 ステップの拡散距離

DA = Sheets("Parameters").Range("B4").Value 'diffusion coef B
DB = Sheets("Parameters").Range("B5").Value 'diffusion coef C
DC = Sheets("Parameters").Range("B6").Value 'diffusion coef C
dmk2 = Sheets("Parameters").Range("B7").Value 'Damkohler number for D
ksp = Sheets("Parameters").Range("B8").Value 'precipitation product for C
cs = Sheets("Parameters").Range("B9").Value 'precipitation product for D
A0 = Sheets("Parameters").Range("B10").Value 'Initial concentration of B
B0 = Sheets("Parameters").Range("B11").Value 'Initial concentration of B

' 刻み幅
dt = Sheets("Parameters").Range("B2").Value 'step time
dx = Sheets("Parameters").Range("B3").Value 'step space

xt = 0.5*dt/dx/dx 'parameter
aaxt = 1-2*DA*xt 'parameter
abxt = 1-2*DB*xt 'parameter
acxt = 1-2*DC*xt 'parameter

axt = DA*xt
bxt = DB*xt
cxt = DC*xt

For I = 3 To Imax + 2
For J = 1 To 4

Sheets("ResultsA").Cells(I,J).ClearContents
Sheets("ResultsB").Cells(I,J).ClearContents
Sheets("ResultsC").Cells(I,J).ClearContents
Sheets("ResultsD").Cells(I,J).ClearContents

Next
Next

For I = 1 To Imax
A(I) = 0#
B(I) = B0
C(I) = 0#
D(I) = 0#
```

```
Next

For J = 1 To Jmax

A(1) = A0
B(Imax) = B0

For I = 1 To Imax

A1(I) = A(I)
B1(I) = B(I)
C1(I) = C(I)
D1(I) = D(I)

Next

'--------------境界条件 1
A11(1) = A0
B11(1) = B1(1)
A11(Imax) = A1(Imax)
B11(Imax) = B0
c11(1) = C1(1)
c11(Imax) = C1(Imax)

For I = 2 To Imax-1
'-------------------t->t + dt/2
A11(I) = aaxt*A1(I) + axt*(A1(I-1) + A1(I+1))
B11(I) = abxt*B1(I) + bxt*(B1(I-1) + B1(I+1))
c11(I) = acxt*C1(I) + cxt*(C1(I-1) + C1(I+1))
Next

For I = 2 To Imax-1
'--------------AB>ksp,C>Cs
If A11(I)*B11(I)>ksp Then
A(I) = 0.5*(A11(I)-B11(I) + ((A11(I) + B11(I))^2#-4#*(A11(I)*B11(I)-ksp))
^0.5)
If A11(I)*B11(I)>ksp Then B(I) = 0.5*(B11(I)-A11(I) + ((A11(I) + B11(I))^2#-
4#*(A11(I)*B11(I)-ksp))^0.5)
If A11(I)*B11(I)>ksp Then xc(I) = c11(I) + (0.5*(B11(I) + A11(I)-((A11(I) + B11
(I))^2#-4#*(A11(I)*B11(I)-ksp))^0.5))*dt
If xc(I)>cs Then C(I) = ksp
If xc(I)>cs Then D(I) = D1(I) + xc(I)-ksp
```

```
If xc(I)<cs Then C(I)=xc(I)
If xc(I)<cs Then D(I)=D1(I)

End If

'--------------AB<ksp,C<Cs
If A11(I)*B11(I)<ksp Then
A(I)=aaxt*A11(I)+axt*(A11(I-1)+A11(I+1))
If A11(I)*B11(I)<ksp Then B(I)=abxt*B11(I)+bxt*(B11(I-1)+B11(I+1))
If A11(I)*B11(I)<ksp Then yc(I)=acxt*c11(I)+cxt*(c11(I-1)+c11(I+1))
If yc(I)<cs Then C(I)=c11(I)
If yc(I)<cs Then D(I)=D1(I)
If yc(I)>cs Then C(I)=ksp
If yc(I)>cs Then D(I)=D1(I)+yc(I)-ksp
End If

A(Imax)=A1(Imax)+axt*(A(Imax-1)-A(Imax))
B(1)=B1(1)+bxt*(B(2)-B(1))
C(1)=C1(1)+cxt*(C(2)-C(1))
C(Imax)=C1(Imax)+cxt*(C(Imax-1)-C(Imax))

If A(I)<0 Then
A(I)=0
If B(I)<0 Then B(I)=0
If C(I)<0 Then C(I)=0
If D(I)<0 Then D(I)=0
End If

Next
Next

For I=1 To Imax

Sheets("Results").Cells(I+2,1).Value=A(I)
Sheets("Results").Cells(I+2,2).Value=B(I)
Sheets("Results").Cells(I+2,3).Value=C(I)
Sheets("Results").Cells(I+2,4).Value=D(I)
Next

Application.ScreenUpdating=True

End Sub
```

A6.　蓄熱槽の解析計算コード：**Excel VBA**

A6.1　例題 4.1 のサンプルプログラム

　計算の前に Parameters，Ads_C，Ads_Tf，Results_q というシートを作成して
おく．シート Parameters のカラムには図 A6.1 のように各パラメーターの値を入
力しておく．

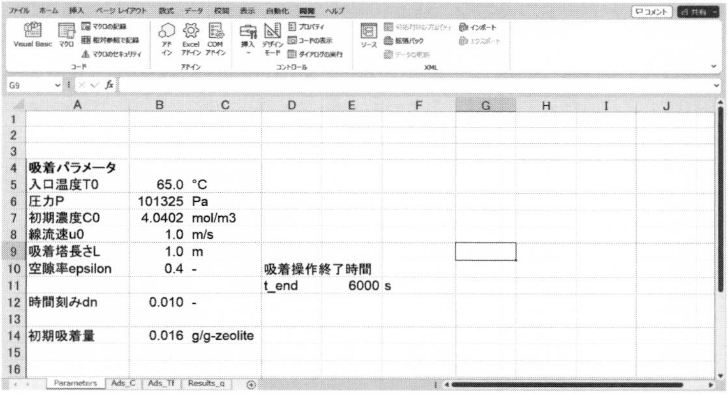

図 **A6.1**

```
------------------------------------------------
Public Sub Ads_Main_SAPO()
    Application.ScreenUpdating=False
'----各変数の宣言----
    Dim C0 As Double,u0 As Double,T0 As Double,L As Double
    Dim rho_f As Double,Cp_f As Double,rho_p As Double,Cp_p As Double,h As
    Double
    Dim Av As Double,q_d As Double
    Dim C()As Variant,u As Double,Ts1()As Double,Ts2()As Double,Tf()As
    Variant
    Dim q()As Variant,r_q()As Variant
    Dim x As Long,n As Long,n_end As Long
    Dim dx As Double,dn As Double
    Dim R As Double,epsilon As Double
```

```
    Dim CC As Double,TT As Double,qq As Double
    Dim j As Long,j_max As Long,k As Long,k_max As Long
    Dim k1 As Long,k2 As Long,T1 As Double,a As Double,RH As Double
'----変数初期値やパラメーター値の読み込み----
    T0=Sheets("parameters").Range("B5").Value+273.15 'InitialTempera-
    'ture [K]
    C0=Sheets("parameters").Range("B7").Value 'InitialConcentration [mol
    'm-3]
    u0=Sheets("parameters").Range("B8").Value 'InitialFlow [m s-1]
    L=Sheets("parameters").Range("B9").Value 'PackedBedLength [m]
    epsilon=Sheets("parameters").Range("B10").Value 'Porosity of Pack-
    'edBed [-]
'----物性値の設定----
    rho_f=1.2 'Density of Fluid [kg m-3]
    Cp_f=1000# 'SpecificHeat of Fluid [J kg-1 K-1]
    rho_p=900# 'Density of adsorbent [kg m-3]
    Cp_p=800# 'SpecificHeat of Adsorbent [J kg-1 K-1]

    h=5 'HeatTransferCoefficient [W m-2 K-1]
    Av=3/0.002 'SpecificSurfaceArea [m-1]

    u=1#'DimentionlessFlowRate
    q_d=63000#'DifferentialHeat of Adsorption [J mol-1]

    dx=0.1 'Step of Length
    dn=Sheets("parameters").Range("B12").Value 'Step of Time
    n_end=Sheets("parameters").Range("E11").Value 'End of Calculation

    j_max=1/dx
    k_max=1/dn*(u0/L)*n_end

    T1=Sheets("parameters").Range("B19").Value+273.15
    k1=Sheets("parameters").Range("B20").Value
    k2=Sheets("parameters").Range("B21").Value+k1
    a=Sheets("parameters").Range("B22").Value
    RH=Sheets("parameters").Range("B16").Value/100

    ReDim C(j_max,k_max) 'DimentionlessConcentration
    ReDim Ts1(j_max) 'DimentionlessTemperature of Solid-1
    ReDim Ts2(j_max) 'DimentionlessTemperature of Solid-2
    ReDim Tf(j_max,k_max) 'DimentionlessTemperature of Fruid
    ReDim q(j_max) 'AdsorptionQuantity [mol-water m-3]
```

```
    ReDim r_q(j_max) 'AdsorptionRate [mol-water m-3 s-1]

'----初期値の設定----
    For j = 0 To j_max
        C(j,0) = 0#
        Ts1(j) = 1#
        Ts2(j) = 1#
        Tf(j,0) = 1#
        q(j) = (Sheets("Parameters").Range("B14").Value)*1000*rho_p/
        18.015/(1-epsilon)
        r_q(j) = 0#
    Next

    For k = 0 To k_max
        C(0,k) = 1#
        Tf(0,k) = 1#
    Next
'----繰り返し計算の開始----
    For k = 0 To k_max-1
        For j = 0 To j_max-1
            CC = C(j,k)*C0
            TT = Tf(j,k)*T0
            qq = q(j)
            r_q(j) = Ads_rate(TT,CC,qq)'[mol-water m-3 s-1]

            If j = 0 Then
                C(j,k+1) = 1#
                Tf(j,k+1) = Tf(j,k)
            Else
                C(j,k+1) = C(j,k)-dn*(u*(C(j,k)-C(j-1,k))/dx+(1/epsilon)*
                L*r_q(j)/C0/u0)
                If C(j,k+1)<0# Then
                    C(j,k+1) = 0#
                End If

                Ts2(j) = Ts1(j)+dn*L*(q_d*r_q(j)/T0-h*Av*(Ts1(j)-Tf(j,k)))/
                u0/rho_p/Cp_p
                Tf(j,k+1) = Tf(j,k)+dn*(((1-epsilon)/epsilon)*L*h*Av*(Ts1
                (j)-Tf(j,k))/u0/rho_f/Cp_f-u*(Tf(j,k)-Tf(j-1,k))/dx)
                Ts1(j) = Ts2(j)
            End If
```

```
            q(j) = q(j) + r_q(j)*dn*L/u0
        Next

        C(j_max,k+1) = 2*C(j_max-1,k+1)-C(j_max-2,k+1)
        Ts2(j_max) = Ts2(j_max-1)
        Tf(j_max,k+1) = Tf(j_max-1,k+1)

    Next
'----各カラムの時間計算----
    For k = 0 To Int(k_max/2000)

        Sheets("Ads_C").Cells(1,k+2).Value = 2000*k*L/u0*dn
        Sheets("Ads_Tf").Cells(1,k+2).Value = 2000*k*L/u0*dn

    Next
'----計算結果の出力----
    For j = 0 To j_max

        For k = 0 To Int(k_max/2000)

            Worksheets("Ads_C").Cells(j+2,k+2).Value = C(j,2000*k)*C0
            Worksheets("Ads_Tf").Cells(j+2,k+2).Value = Tf(j,2000*k)*T0-
            273.15
        Next

        Sheets("Results_q").Cells(2,j+2).Value = q(j)

    Next

    Application.ScreenUpdating = True

End Sub
'----吸着量計算のサブルーティン----
Private Function Ads_rate(ByVal TT As Double, CC As Double, qq As Double) As
Double
    Dim P As Double, P0 As Double
    Dim epsilon As Double, rho_p As Double
    Dim q As Double, AdsPotential As Double
    Dim k As Double, R As Double

    epsilon = Sheets("parameters").Range("B10").Value 'Porosity of Packd
    'Bed [-]
```

```
rho_p = 900#  'AdsorbentDensity [kg m-3]

P0 = 10 ^ (8.02754 - 1705.616 / (TT - 273.15 + 231.405)) * 101325 / 760  'Satura-
'tionPressure [Pa]

R = 8.31446  'GasConstant

k = 0.01  'RateConstant [s-1]

P = CC * R * TT  'Pressure [Pa]

If P < 0.000001 Then
    P = 0#
    q = 0#
Else
'----平衡吸着量の計算----
    AdsPotential = R * TT * Log(P0 / P) / 1000  'kJ mol-1

    If AdsPotential < 4.69558 Then
        q = Exp(-0.06932 * AdsPotential - 1.01785) * (1 - epsilon) * rho_p *
        1000 / 18.015
    ElseIf AdsPotential > 9.67706 Then
        q = Exp(-0.08312 * AdsPotential - 2.36719) * (1 - epsilon) * rho_p *
        1000 / 18.015
    Else
        q = Exp(-0.367 * AdsPotential + 0.379945) * (1 - epsilon) * rho_p * 1000 /
        18.015
    End If

End If

'EquilibriumAdsorption [mol-water m-3]

    Ads_rate = k * (q - qq)   'AdsorptionRate [mol-water m-3 s-1]

End Function
```

A6.2　例題 4.3 のサンプルプログラム

　計算の前に Parameters, Results というシートを作成しておく．シート Parameters のカラムには図 A6.2 のように各パラメーターの値を入力しておく．

図 A6.2

```
-------------------------------------------------
Sub Main()
Application.ScreenUpdating = False

Dim C(50001) As Double, T(50001) As Double, q(50001) As Double
Dim A(4) As Double, B(4) As Double
Dim i As Long, imax As Long, kk As Long
Dim dt As Double, c0 As Double, t0 As Double
Dim rho_s As Double, rho_f As Double, cps As Double, cpf As Double
Dim r_q As Double, q_d As Double, f As Double, v As Double, epsilon As Double
Dim c_f As Double, T_f As Double
Dim TT As Double, CC As Double
Dim cpre As Double, fvrc As Double, qq As Double
```

```
'imax = Sheets("Parameters").Range("B10").Value
imax = CLng(50000)
'imax = 2000

' 刻み幅
t0 = 273.15 + Sheets("Parameters").Range("B2").Value 'initial T
c0 = Sheets("Parameters").Range("B4").Value 'initial C
f = Sheets("Parameters").Range("B5").Value 'flow rate
v = Sheets("Parameters").Range("B6").Value 'reactor volume
epsilon = Sheets("Parameters").Range("B7").Value 'void ratio

dt = Sheets("Parameters").Range("B9").Value 'time step

rho_s = Sheets("Parameters").Range("B16").Value 'solid density
cps = Sheets("Parameters").Range("B17").Value 'solid specific heat ca-
'pacity
rho_f = Sheets("Parameters").Range("B18").Value 'air density
cpf = Sheets("Parameters").Range("B19").Value 'air specific heat capacity
'q_d = 6300#'adsorption heat J/mol

cpre = 1 /(epsilon*rho_f*cpf + (1-epsilon)*rho_s*cps)
fvrc = (f/v)*rho_f*cpf

C(1) = c0
T(1) = t0
q(1) = 0#

For i = 1 To imax

CC = C(i)
TT = T(i)
qq = q(i)
r_q = Ads_rate(CC,TT,qq,epsilon,rho_s,i)
c_f = (1/epsilon)*((f/v)*(c0-CC)-r_q)
T_f = cpre*(fvrc*(t0-TT) + r_q*q_d)

A(1) = C(i) + dt*c_f
If A(1)<0 Then A(1) = 0
B(1) = T(i) + dt*T_f

CC = (C(i) + A(1))*0.5
```

```
TT = (T(i) + B(1)) * 0.5

r_q = Ads_rate(CC, TT, qq, epsilon, rho_s, i)
c_f = (1/epsilon) * ((f/v) * (c0-CC) - r_q)
T_f = cpre * (fvrc * (t0-TT) + r_q * q_d)

A(2) = C(i) + dt * c_f
If A(2) < 0 Then A(2) = 0
B(2) = T(i) + dt * T_f

CC = (C(i) + A(2)) * 0.5
TT = (T(i) + B(2)) * 0.5

r_q = Ads_rate(CC, TT, qq, epsilon, rho_s, i)
c_f = (1/epsilon) * ((f/v) * (c0-CC) - r_q)
T_f = cpre * (fvrc * (t0-TT) + r_q * q_d)

A(3) = C(i) + dt * c_f
If A(3) < 0 Then A(3) = 0
B(3) = T(i) + dt * T_f

CC = (C(i) + A(3)) * 0.5
TT = (T(i) + B(3)) * 0.5

r_q = Ads_rate(CC, TT, qq, epsilon, rho_s, i)
c_f = (1/epsilon) * ((f/v) * (c0-CC) - r_q)
T_f = cpre * (fvrc * (t0-TT) + r_q * q_d)

A(4) = C(i) + dt * c_f
If A(4) < 0 Then A(4) = 0
B(4) = T(i) + dt * T_f

C(i+1) = (A(1) + 2# * A(2) + 2# * A(3) + A(4))/6#
T(i+1) = (B(1) + 2# * B(2) + 2# * B(3) + B(4))/6#

q(i+1) = q(i) + r_q * dt
Next
'結果の出力

For kk = 0 To imax/200
    Sheets("Results").Cells(kk+2,1).Value = dt * kk * 200  '時刻
    Sheets("Results").Cells(kk+2,2).Value = C(200 * kk+1)   '空気中の水分濃度
```

```
Sheets("Results").Cells(kk+2,3).Value=T(200*kk+1)-273.15  '空気温度
Sheets("Results").Cells(kk+2,4).Value=q(200*kk+1)  'ゼオライトの水分
                                                    '吸着量
Next

Application.ScreenUpdating=True

End Sub

'----吸着速度計算サブルーティン----
Private Function Ads_rate(ByVal CC As Double,TT As Double,qq As Dou-
ble,epsilon As Double,rho_s As Double,i As Long)As Double
    Dim P As Double,P0 As Double
    Dim q As Double,AdsPotential As Double
    Dim k As Double,R As Double

    P0=10^(8.02754-1705.616/(TT-273.15+231.405))*101325/760 'Satura-
    'tionPressure[Pa]

R=8.31446 'GasConstant
k=0.01 'RateConstant[s-1]
P=CC*R*TT 'Pressure[Pa]

If P<0.000001 Then
    P=0#
    q=0#
Else

q=0.3*(1-Exp(-P/P0*5#))/(1-Exp(-5#))*(1-epsilon)*rho_s*1000/18.015
    End If

    'EquilibriumAdsorption[mol-water m-3]

        Ads_rate=k*(q-qq)  'AdsorptionRate[mol-water m-3 s-1]

End Function
```

A7.　Onsager の式：導出方法の概略

　以下，式(5.6)の導出の概略を示す．

　基礎となるキャリアに対するポテンシャル ϕ は，3 次元では距離 r と電界に対する方向角 θ の関数として，式(A7.1)で表される．

$$\phi = -eEr\cos\theta - \frac{e^2}{\varepsilon r} \tag{A7.1}$$

これに対して，Brown 運動する正負二つのキャリアが分離する確率 φ は，

$$\varphi = 1 - S_- \exp\left\{-\frac{e^2}{\varepsilon k_{\mathrm{B}} Tr} - \frac{eEr}{2k_{\mathrm{B}} T}(1+\cos\theta)\right\} \tag{A7.2}$$

で与えられる．ここに，

$$S_- = \sum_{m=0}^{\infty}\sum_{s=0}^{m}\frac{\eta^{n-s}\zeta^s(1+z)^s}{s!(n-s)!} = \sum_{s=0}^{\infty}\sum_{n=2s+1}^{\infty}\frac{\eta^{n-s}\zeta^s(1+z)^s}{s!(n-s)!}$$

$$= \sum_{s=0}^{\infty}\frac{\zeta^s(1+z)^s}{s!}\sum_{n=2s+1}^{\infty}\frac{\eta^{n-s}}{(n-s)!} \tag{A7.3}$$

$\eta = \dfrac{e^2}{\varepsilon k_{\mathrm{B}} Tr}$, $\zeta = \dfrac{eEr}{2k_{\mathrm{B}} T}$, $z = \cos\theta$ である．

　式(A7.3)を式(A7.2)に代入し整理すると，

$$1-\varphi = \exp\{-\zeta(1+z)\}\sum_{j=0}^{\infty}A_j\frac{\zeta^j(1+z)^j}{j!} \tag{A7.4}$$

ここに，

$$A_j = \exp(-\eta)\sum_{n=2s+1}^{\infty}\frac{\eta^{n-s}}{(n-s)!} = \exp(-\eta)\sum_{j=m+1}^{\infty}\frac{\eta^j}{j!}$$

$$= 1 - \exp(-\eta)\left(1+\eta+\frac{\eta^2}{2!}+\cdots+\frac{\eta^m}{m!}\right) \tag{A7.5}$$

である．

　方向角 θ についてはキャリアが完全にランダムに運動するとして，式(A7.4)の平均をとる．

$$1-\varphi = \sum_{j=0}^{\infty}A_j(\eta)\frac{\zeta^j B_j(\zeta)}{j!} = \sum_{j=0}^{\infty}A_j(\eta)C_j \tag{A7.6}$$

ここに，$C_j = \dfrac{\zeta^j B_j(\zeta)}{j!}$，また，

$$B_j(\zeta) = \left(\frac{1}{2}\right)\int_{-1}^{1}\exp\{-\zeta(1+z)\}(1+z)^j\mathrm{d}z = \left(\frac{1}{2}\right)\int_0^2\exp(-\zeta x)x^j\mathrm{d}x \tag{A7.7}$$

である．ここで，

$$C_0 = B_0 = (2\zeta)^{-1}\{1 - \exp(-2\zeta)\}$$

である．

さらに，ある j に着目すると，

$$C_j = (2\zeta)^{-1}\left[1 - \exp(-2\zeta)\left\{1 + (2\zeta) + \frac{(2\zeta)^2}{2!} + \cdots + \frac{(2\zeta)^j}{j!}\right\}\right] \tag{A7.8}$$

式 (A7.7) の積分から，

$$(k+1)B_j = 2^j \exp(-2\zeta) + \zeta B_{j+1}$$

C_j の定義から同様に，

$$C_{j+1} = C_j - \frac{(2\zeta)^j \exp(-2\zeta)}{(j+1)!}$$

$$= (2\zeta)^{-1}\left[1 - \exp(-2\zeta)\{1 + (2\zeta) + \frac{(2\zeta)^2}{2!} + \cdots + \frac{(2\zeta)^{j+1}}{(j+1)!}\right] \tag{A7.9}$$

となる．なお，これらは $j=0$ でも成立する．

式 (A6.5) と比較すると，

$$C_j(\zeta) = (2\zeta)^{-1}A_j(2\zeta) \tag{A7.10}$$

が得られる．これを式 (A7.6) に代入すると，式 (A7.11)（本文の式 (5.6)）が得られる．すなわち，

$$1 - \varphi = \sum_{j=0}^{\infty} A_j(\eta)\frac{\zeta^j B_j(\zeta)}{j!} = \sum_{j=0}^{\infty} A_j(\eta)C_j = (2\zeta)^{-1}\sum_{j=0}^{\infty} A_j(\eta)A_j(2\zeta) \tag{A7.11}$$

となる．

A8.　OPC 残留電位の計算コード：Excel VBA

```
----------------------------------------------------------------
Sub Main()
Application.ScreenUpdating = False

'------------------計算手順離散化 Euler(オイラー)法
'-----------------変数
Dim i, j, imax, jmax As Integer
Dim e(1000), E1(1000), v(1000)As Double
Dim rop(1000), rom(1000)As Double
Dim rop1(1000), rom1(1000)As Double
Dim g(1000), Jp(1000), jm(1000)As Double
Dim jp1(1000), jm1(1000)As Double
Dim g1(1000)As Double
Dim dele(1000), delrp(1000), delrm(1000)As Double
Dim mu(1000)As Double
Dim Beta, epsilon, V0, L, E0, ee, pi As Double
Dim ganma, r0 As Double
Dim F, k, T As Double
Dim dt, dx As Double
Dim ekt, bekt, eeL, vi, muE As Double
Dim Et As Double
'---------------------時間ステップ
dt = 0.01
'---------------------空間ステップ
dx = 0.02
'---------------------最大時間ステップ
imax = 1000
'---------------------最大空間刻み
jmax = 50
'---------------------物性値
V0 = 1500      '-------------初期電位
L = 2#*10^(-5)    '-------------膜厚
T = 300      '-------------温度
epsilon = 2.66*10^(-11)    '-------------誘電率
r0 = 3#*10^(-9)    '-------------Bohr 半径
pi = 3.14159265358979      '-------------円周率
ee = 1.602177*10^(-19)     '-------------電子電荷
k = 1.38066*10^(-23)     '-------------Boltzmann 定数
Et = 0.6*ee     '-------------ホッピングエネルギー障壁
```

```vba
E0 = V0 / L      '--------------電界強度
Beta = (ee*ee*ee / pi / epsilon)^(0.5)      '------------Pool-Frenkel 係数
ekt = 1 / k / T
bekt = Beta / k / T
eeL = epsilon*E0 / L
muE = Exp(Et / k / T)

'hopping probability
ganma = 1#      '-----------電子のホールに対する相対移動度
'--------------------------初期値
For j = 1 To jmax
e(j) = 1#
rop(j) = 0
rom(j) = 0
g(j) = 0
Jp(j) = 0
jm(j) = 0
mu(j) = 0
Next

For i = 1 To imax + 2
For j = 1 To jmax + 2

Next
Next

For i = 1 To imax

'時間ステップの置換え
For j = 1 To jmax
E1(j) = e(j)
rop1(j) = rop(j)
rom1(j) = rom(j)
g1(j) = g(j)

Next

F = 500      '------------------------光照射強度

'--------------------------------------------移動度の計算
For j = 1 To jmax
```

```
mu(j) = Exp(-(Et-Beta*(E0*e(j))^0.5) / k / T)

Next

'-------------キャリア生成速度　Gの計算
For j = 1 To jmax

ej = E1(j)*E0
g(j) = F*onsager(ej, r0)

Next

'-------------キャリア移動度の計算

For j = 1 To jmax

Jp(j) = mu(j)*rop1(j)*E1(j)
jm(j) = -ganma*mu(j)*rom1(j)*E1(j)

Next

'-------------キャリア密度などの計算　Euler法で微分方程式を解く
rop(1) = 0
rom(jmax) = 0

dele(1) = -Jp(1)-jm(1)

For j = 2 To jmax

dele(j) = -Jp(j)-jm(j)
delrp(j) = g1(j)-(Jp(j)-Jp(j-1))/dx
delrm(j) = -g1(j)-(jm(j)-jm(j-1))/dx

Next

e(1) = E1(1) + dele(1)*dt

For j = 2 To jmax

e(j) = E1(j) + dele(j)*dt
rop(j) = rop1(j) + delrp(j)*dt
```

```vba
rom(j) = rom1(j) + delrm(j)*dt

Next

'----------------残留電位を計算する

vi = e(1)*dx*0.5

For j = 2 To jmax

vi = vi + (e(j) + e(j-1))*0.5*dx

Next

vi = vi + e(jmax)*0.5*dx

v(i) = vi

'次の時間ステップへ
Next

'------------結果の出力
  For i = 1 To imax
    Worksheets("Results_V").Cells(1, i + 2).Value = (i-1)*dt
    Worksheets("Results_V").Cells(2, i + 2).Value = v(i)

    Next

Application.ScreenUpdating = True

End Sub

Function onsager(ByVal ej As Double, r0 As Double)As Double

'---------Onsager の理論によるキャリア生成効率の計算

  Dim a As Double, b As Double, e As Double, pi As Double, kB As Double, temp
As Double
  Dim ip As Double, ip0 As Double
  Dim sum As Double, z As Double
  Dim j As Integer
```

```
pi = 3.14159265358979
ip0 = 8.85419*10^(-12)
ip = 3#
kB = 1.38066*10^(-23)
temp = 300#
e = 1.602177*10^(-19)

a = (e*e)/(4#*pi*ip0*ip*kB*temp*r0)
b = (e*ej*r0)/(kB*temp)
sum = 0#
z = 1#
j = 0

'---------理論では無限大回数の和だが，十分小さな値になったところで計算を終了する
While z >1#*10^(-6)
z = Ij(a, j)*Ij(b, j)
sum = sum + z
j = j + 1
Wend

  onsager = 1-sum/b

  End Function

Function Ij(ByVal a As Double, j As Integer)As Double

'---------------Onsager の式中で定義した関数の計算

  Dim u As Double, v As Double, w As Double
  Dim i As Integer

u = 0#
v = 1#
w = 1#

For i = 0 To j-1

u = u + (a^v)*Exp(-a) / v / w
w = v*w
v = v + 1#

Next
```

```
Ij = 1#-Exp(-a)-u

End Function
```

A9.   粉 体 層 の 応 力

A9.1　粉体層の応力バランス

　応力分布を求めるための基礎として図 A9.1 に示すような 2 次元での粉体層における力のバランスを考える.

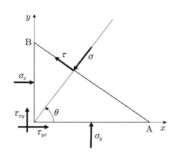

図 **A9.1**　粉体層にかかる応力のバランス

　AB の距離を 1 とすると x 方向からはたらく力のバランスはそれぞれの作用面(2次元の場合は線)の面積×応力の和が 0 となるわけであるから,

$$x \text{方向}: \sigma_x \cos\theta + \tau_{yx}\sin\theta - \sigma\cos\theta - \tau\sin\theta = 0 \tag{A9.1a}$$

$$y \text{方向}: \sigma_y \sin\theta + \tau_{xy}\cos\theta - \sigma\sin\theta + \tau\cos\theta = 0 \tag{A9.1b}$$

となる. ここで, この層が回転しないためには $\tau_{xy} = \tau_{yx}$ であることが要請される.
　この 2 式から,

$$\sigma = \frac{1}{2}(\sigma_x + \sigma_y) + \frac{1}{2}(\sigma_x - \sigma_y)\cos 2\theta + \tau_{xy}\sin 2\theta \tag{A9.2a}$$

$$\tau = \frac{1}{2}(\sigma_x - \sigma_y)\sin 2\theta - \tau_{xy}\cos 2\theta \tag{A9.2b}$$

　σ の最小値, 最大値は,

$$\frac{d\sigma}{d\theta} = 0 \tag{A9.3}$$

で与えられるから,

$$\tan 2\theta = \frac{\tau_{xy}}{\sigma_x - \sigma_y} \tag{A9.4}$$

を満たす θ のときの σ となる. このとき, τ は 0 である. この状況は図 A9.2 のよ

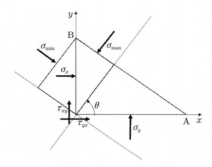

図 **A9.2**　最大応力，最小応力の関係

うになる．

$\sigma_{\max}, \sigma_{\min}$ は，

$$\sigma_{\max}=\frac{1}{2}(\sigma_x+\sigma_y)+\frac{1}{2}\sqrt{(\sigma_x-\sigma_y)^2+4\tau_{xy}} \tag{A9.5a}$$

$$\sigma_{\min}=\frac{1}{2}(\sigma_x+\sigma_y)-\frac{1}{2}\sqrt{(\sigma_x-\sigma_y)^2+4\tau_{xy}} \tag{A9.5b}$$

と与えられる．

$\sigma_{\max}, \sigma_{\min}$ がわかっていれば，その粉体層内の任意の面における $\sigma_x, \sigma_y, \tau_{xy}$ がわかる．

$$\sigma_x=\frac{1}{2}(\sigma_{\max}+\sigma_{\min})+\frac{1}{2}(\sigma_{\max}-\sigma_{\min})\cos 2\theta \tag{A9.6a}$$

$$\sigma_y=\frac{1}{2}(\sigma_{\max}+\sigma_{\min})-\frac{1}{2}(\sigma_{\max}-\sigma_{\min})\cos 2\theta \tag{A9.6b}$$

$$\tau_{xy}=\frac{1}{2}(\sigma_{\max}-\sigma_{\min})\sin 2\theta \tag{A9.6c}$$

この関係を示したものが Mohr（モール）円である（図 A9.3）．

　粉体層が破壊されるときの限界を示すものが**破壊包絡線**とよばれる．圧密が進めば一般に Mohr 円は σ が増える方向に移動するが，それぞれの状態での限界応力をつなげたものが破壊包絡線である．粉体に付着性がある場合は図 A9.4 のようになる．f_c はフローファクターとよばれ，付着性粉体を管などで圧密充填したのち，取り出して圧縮した際の破壊時の応力を示す．

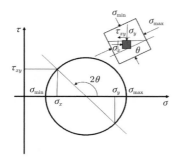
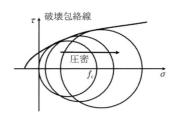

図 **A9.3**　Mohr 円　　　　　　図 **A9.4**　粉体層の応力分布

A9.2　ビン内の応力分布

　図 6.11 のような円筒形のビンにおいて高さ H における力のバランスを考える．嵩比重を γ とすると，

$$\frac{\pi}{4}D^2 P + \frac{\pi}{4}D^2\gamma \mathrm{d}H = \frac{\pi}{4}D^2(P+\mathrm{d}P) + \pi D\mathrm{d}H\mu_{\mathrm{w}}kP \tag{A9.7}$$

であるから，

$$\left(\frac{D}{4\mu_{\mathrm{w}}kP-\gamma D}\right)\mathrm{d}P = \mathrm{d}H \tag{A9.8}$$

$H=0$ で $P=0$ とすれば Janssen の式

$$P = \frac{D\gamma}{4\mu_{\mathrm{w}}k}\left\{1-\exp\left(-\frac{4\mu_{\mathrm{w}}k}{D}\right)H\right\} \tag{A9.9}$$

を得る．

A9.3　ホッパーの応力分布

　図 6.13 のように粉体層の入ったホッパーにおいて高さ h において $\mathrm{d}h$ の薄い層における力のバランスを考える．

　傾いた壁面近傍の粉体層での力のバランスを考慮すると次式が導ける．

$$A(P+\mathrm{d}P)+A\gamma \mathrm{d}h = AP + U\frac{\mathrm{d}h}{\cos\theta}\mu_{\mathrm{w}}P(k\cos^2\theta+\sin^2\theta)\cos\theta \tag{A9.10}$$

$A=\pi h^2\tan^2\theta$，$U=2\pi h\tan\theta$ であり，$c=2\mu_{\mathrm{w}}\cot\theta(k\cos^2\theta+\sin^2\theta)$ とすれば，

$$\frac{\mathrm{d}P}{\mathrm{d}h}-\frac{c}{h}\times P = -\gamma \tag{A9.11}$$

が得られる.

　$h=H$ で $P=0$ とすれば,

$c \neq 1$ において,

$$P = \frac{\gamma h}{c-1}\left\{1-\left(\frac{h}{H}\right)^{c-1}\right\}$$

(A9.12a)

$c=1$ においては,

$$P = \gamma h \ln\left(\frac{h}{H}\right)$$

(A9.12b)

となる.

お わ り に

　本書は，筆者の所属する化学システム工学専攻で 20 年にわたる産学連携プログラム「プラクティススクール」において企業とともに大学院の学生が検討したテーマを再構成したものが中心となっている.

　1.2.9 項，3.2 節，5.1 節，6.5 節はそれぞれ，東京大学プラクティススクールを担当されていた現 工学院大学教授　岡田文雄先生と現 北陸先端科学技術大学教授　前之園信也先生が学内用に教材としてまとめていた『東大院生が作ったプラクティススクールの本』をベースに必要な修正・補遺を行って用いた. 両氏に，あらためて謝意を表します.

　元 東京大学大学院工学系研究科化学システム工学専攻(現 北海道大学教授)の菊地隆司先生には本書執筆の機会をいただいたことに感謝申し上げます.

　東京大学名誉教授　山口由岐夫先生には多くの助言と激励をいただきました. 深く感謝申し上げます.

　第 4 章の例題プログラム(付録 A6)は設計特論の演習にて当時の大学院生　三品朋大氏，藤原直也氏が作成したものをベースに必要な修正，加筆を行った. ここに両氏に感謝申し上げます.

参　考　文　献

[第 1 章]

[1] R.M. Mazo：*Brownian Motion*, Oxford Science Publications (2002).

[2] B.J. Berne and R. Pecora：*Dynamic Light Scattering*, Dover Publication (2000).
あるいは，S.K. Friedlander 著，早川一也・芳住邦雄訳：エアロゾルの科学，産業図書 (1983).

[3] たとえば，真船文隆・廣川淳：反応速度論，裳華房 (2017) など.

[第 2 章]

[1] たとえば，武次徹也：すぐできる　量子化学計算ビギナーズマニュアル，講談社 (2015).

[2] たとえば，桑原雅隆：パターン形成と分岐理論，共立出版 (2015).

[第 3 章]

[1] V.L. Colvin, et al.：*J. Appl. Phys.*, **81**, 5913 (1997).

[2] J. Xia, et al.：*J. Polym. Sci. Part. B Polym. Phys.*, **33** (6), 899 (1995).

[3] D.L. Kurdikar, et al.：*Macromolecules*, **27**, 4084 (1994).

[4] たとえば，特開 2012-108500 で，61 多重記録が可能となっている．照射用のレーザーパワー 6 mW·cm^{-2} に対してすべてのモノマーが 61 多重記録の末に消費されるには 0.1〜20 J·cm^{-2} が必要と記載されている．つまり，一つの記録あたり 0.3〜50 秒がかかることとなるが，本章で計算した結果では数百秒が必要であったことを考えると，目覚ましい進歩があったことがわかる.

[5] Philip Ball：*Patterns in Nature*, The University of Chicago Press Ltd. (2016).

[6] S. Kondo, et al.：*Nature*, **376**, 765 (1995).

[7] T. Antal, et al.：*Phys. Rev. Lett.* **83**, 2880 (1999).

[第 4 章]

[1] 吸着等温線のさまざまな例は，化学工学会編：改訂七版　化学工学便覧，丸善出版

(2011)などに記載がある.

[2] 垣内博行ら：化学工学論文集，**31**(4),(2005), 273-277.

[第 5 章]

[1] David S. Weiss, J. Robin Cowdery, Ralph H. Young : *Electron Transfer in Chemistry*, Vincenzo Balzani(ed.), WILEY-VCH Verlag GmbH(2001), Chapter 2 : Electrophotography.

[2] L. Onsager : *Phys. Rev.*, **54**, 554(1938).

[3] L. Onsager : *J. Chem. Phys.*, **2**, 599(1934).

[4] A. Mozumder : *J. Chem. Phys.*, **60**, 4300(1974).

[5] たとえば，小野寺嘉孝：物理のための応用数学，裳華房(2010)など.

[第 6 章]

[1] 小宮豊隆編：寺田寅彦随筆集 第四巻，自然界の縞模様，岩波書店(1948)，p. 35.

[2] 化学工学会編：改訂七版　化学工学便覧，丸善出版(2011).

[3] 山口由岐夫：ものづくりの化学工学，丸善出版(2015).

[4] Catherine O'Sulivan 著，鈴木輝一訳：粒子個別要素法，森北出版(2014).

[5] C.S. Daw, et al. : *Phys. Rev. Let.*, **75**, 2308(1995).

[6] H.K. PAK, et al. : *Nature*, **371**, 231(1994).

[7] B. Miller, et al. : *Phys. Rev. Let.*, **77**, 3110(1996).

[8] H.A. Makse, et al. : *Nature*, **386**, 379(1997).

[9] K. Miyasaka, et al. : *J. Mat. Sci.*, **17**, 1610(1982).

[10] D. Stauffer 著，小田垣孝訳：パーコレーションの基本原理，吉岡書店(2001).

[11] 高安秀樹：フラクタル化学，朝倉書店(1987).

[12] J. Bicerano, et al. : *Rev. Macromol. Chem. Phys.*, **C39**(4), 561,(1999).

[13] H. Brenner : *Int. J. Multiphase Flow.* Ⅰ, 195(1974).

索　引

東京大学工学教程

編著者の現職

吉江建一（よしえ・けんいち）
元東京大学特任教授，一般社団法人プロダクト・イノベーション協会

東京大学工学教程　基礎系　化学
化学工学：機能材料の設計と製造プロセスへの応用

令和 5 年 5 月 30 日　発　行

編　者　東京大学工学教程編纂委員会

著　者　吉　江　建　一

発行者　池　田　和　博

発行所　丸善出版株式会社
〒101-0051　東京都千代田区神田神保町二丁目17番
編集：電話 (03) 3512-3261／FAX (03) 3512-3272
営業：電話 (03) 3512-3256／FAX (03) 3512-3270
https://www.maruzen-publishing.co.jp

組版印刷・製本／三美印刷株式会社

ISBN 978-4-621-30817-2　C 3358　　　　　　Printed in Japan